# 结构力学考研
## 概念公式必背思维导图

**主编 小鹿学姐**

北京理工大学出版社
BEIJING INSTITUTE OF TECHNOLOGY PRESS

**图书在版编目（ＣＩＰ）数据**

结构力学考研概念公式必背思维导图 / 小鹿学姐主
编. -- 北京：北京理工大学出版社，2024.8.
ISBN 978-7-5763-3840-9

Ⅰ. O342

中国国家版本馆 CIP 数据核字第 2024ZW7681 号

---

**出版发行** / 北京理工大学出版社有限责任公司
**社　　址** / 北京市丰台区四合庄路 6 号
**邮　　编** / 100070
**电　　话** / （010）68944451（大众售后服务热线）
　　　　　　（010）68912824（大众售后服务热线）
**网　　址** / http：//www.bitpress.com.cn

---

**版 印 次** / 2024 年 8 月第 1 版第 1 次印刷
**印　　刷** / 三河市良远印务有限公司
**开　　本** / 880 mm×1230 mm　1/32
**印　　张** / 4
**字　　数** / 100 千字
**定　　价** / 19.80 元

**责任编辑**：王梦春
**文案编辑**：杜　枝
**责任校对**：刘亚男
**责任印制**：李志强

# 📐 前言

    在学习结构力学的过程中，大家会发现结构力学有许多概念、公式、定理等需要理解和记忆，尤其是在做题的时候，不清楚概念、记不住公式、不理解定理……这些都成为很多考生不会做题、做不对题的痛点。针对这些问题，我总结了考研中必考的概念、公式、定理等，并进行打磨整理，用思维导图的形式展现，方便考生理解记忆。

    本书按照章节划分，每章用思维导图把所有概念、公式、定理等必背内容串联起来。大家在复习时要始终记得，每个知识点都不是独立存在的，只有理解它们之间的相互关系，才能更好地掌握，从而夯实基础。

    本书作为一本常用的考研工具书，考生可以经常拿出来翻阅，以便加深记忆，也可以把它作为一本复习笔记，在此基础上不断补充自己对内容的理解。

小鹿学姐

# 目录

# 第 0 章 结构力学总论

结构力学
总论

— 1. 结构力学的研究对象

— 2. 杆件的简化

— 3. 杆件间联结的简化

— 4. 结构与基础间联结的简化

— 5. 结构的分类

— 6. 结构力学中的定理和假设

**1. 结构力学的研究对象** —— 结构力学的研究对象是杆件结构，杆件结构的截面尺寸比长度小得多，如梁、拱、桁架及刚架

**2. 杆件的简化**
- 用轴线表示杆件
- 用结点表示杆件之间的联结
- 杆长为结点间的距离

**3. 杆件间联结的简化**
- **结点的概念** —— 杆件间互相联结处称为结点
- **铰结点**
  - 铰结点的特征是所联结各杆可以绕结点作自由转动
  - 铰结点可以传递水平力和竖向力
  - 铰结点两端的水平位移和竖向位移相等，铰结点两端相对转角不为零
- **刚结点**
  - 刚结点的特征是所联结杆件之间不能在结点处产生相对转动，即在刚结点处各杆之间的夹角在变形前后保持不变
  - 刚结点可以传递水平力、竖向力和弯矩
  - 刚结点两端的水平位移和竖向位移相等，刚结点两端相对转角为零

**支座** — 结构与大地相联结的部分称为支座。结构所受的荷载通过支座传递给大地。支座对结构的反作用力称为支座反力

**活动铰支座** — 活动铰支座如图所示，活动铰支座的特征是杆件可绕铰 $A$ 作自由转动，并且可以发生水平方向的小量位移，但是不能发生竖向位移，有竖向反力 $F_{yA}$

**固定铰支座** — 固定铰支座如图（a）和图（b）所示，固定铰支座的特征是可绕铰 $A$ 作自由转动，但是不能发生水平位移和竖向位移，有水平反力 $F_{xA}$ 和竖向反力 $F_{yA}$

**4. 结构与基础间联结的简化**

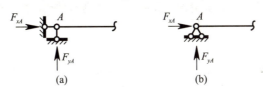

（a）　　　　　　（b）

**固定支座** — 固定支座如图所示，固定支座的特征是结构和支座相联结的 $A$ 处，既不能转动，也不能发生水平位移和竖向位移。有支座反力矩 $M_A$、水平反力 $F_{xA}$ 和竖向反力 $F_{yA}$

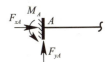

**滑动支座** — 滑动支座（也称为定向支座）如图所示，滑动支座的特征是不能绕 $A$ 作自由转动，可以发生水平方向的小量位移，但是不能发生竖向位移，有竖向反力 $F_{yA}$ 和支座反力矩 $M_A$

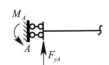

**梁** —— 梁是一种受弯构件，它的轴线一般为直线，在竖向荷载作用下支座处不产生水平反力。梁可以是单跨的［见图（a）］，也可以是多跨的［见图（b）］

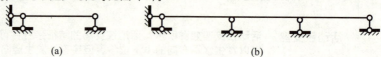

(a)　　　　　　　　　　　　　(b)

**拱** —— 拱的轴线一般为曲线，拱在竖向荷载作用下支座处会产生水平反力，由此可以减小拱截面上的弯矩（见图）

**5. 结构的分类**

**刚架** —— 刚架通常由直杆组成，其组成特点是杆件联结处的结点是刚性结点（见图）

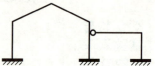

**桁架** —— 桁架由直杆组成，其组成特点是各杆相联结处的结点均可视作铰结点（见图）。当桁架承受结点荷载时，杆件内只产生轴力

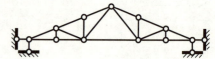

**组合结构** —— 组合结构是由桁架杆件和梁［见图（a）］或桁架杆件和刚架［见图（b）］等组合而成的，其受力特点为除桁架杆件只承受轴力外，其余受弯杆件能同时承受轴力、剪力和弯矩

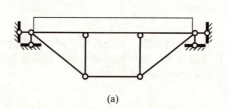

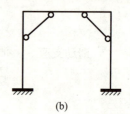

(a)　　　　　　　　　　　　　(b)

**6.结构力学中的定理和假设**

**线弹性体** —— 结构力学研究的杆件基本都是线弹性体。线弹性体的弹性变形与外部作用力之间具有一一对应关系，即在一定的外部作用力下，线弹性体的内力和变形都是唯一的

**叠加原理** —— 当所求参数（内力或位移）与梁上荷载为线性关系时，由几项荷载共同作用时所引起的某一参数，就等于每项荷载单独作用时所引起的该参数值的叠加

**小变形假定** —— 小变形假定是指所研究的构件在承受荷载作用时，其变形与构件的原始尺寸相比通常甚小，可以略去不计

# 第1章　几何组成分析基本概念

几何组成分析基本概念

1. 基本概念

2. 平面几何不变体系的组成规律及灵活应用

3. 平面杆件体系的计算自由度 $W$

**1. 基本概念** — 几何不变体系、几何可变体系、常变体系、瞬变体系的概念及其相互关系

**概念**

- 几何不变体系：在不考虑材料应变的条件下，几何形状和位置保持不变的体系。几何不变体系可分为无多余约束的几何不变体系（静定结构）和有多余约束的几何不变体系（超静定结构）

- 几何可变体系：在不考虑材料应变的条件下，几何形状和位置可以改变的体系，包括常变体系和瞬变体系

- 常变体系：本来是几何可变体系，发生微小位移后还是几何可变体系，这样的体系称为常变体系。几何常变体系都是缺少必要约束的

- 瞬变体系：本来是几何可变体系，经过微小位移后又成为几何不变体系，这样的体系称为瞬变体系。其特点是：①约束数量足够，但约束的位置不合理，当发生微小位移后，约束的位置变得合理，就成为几何不变体系；②在发生微小位移时，体系具有自由度，约束没有全部起到减少自由度的作用，因此瞬变体系至少有一个多余约束；③瞬变体系是不能作为结构的，原因是即使其在很小的荷载作用下，也会产生很大的内力；④瞬变体系一定具有多余约束，原因是瞬变体系可以变成几何不变体系，说明约束数量不缺。但是瞬变体系是几何可变的，这说明有的约束位置不合理，没发挥作用，没发挥作用的约束就是多余约束

**相互关系**　体系
- 几何不变体系（可以作为结构）
  - 无多余约束
  - 有多余约束
- 几何可变体系（不能作为结构）
  - 常变体系
  - 瞬变体系

**1. 基本概念**

**瞬铰（或虚铰）**

- 瞬铰的概念。用两根链杆联结两个刚片时，这两根链杆的约束作用相当于一个单铰，该铰的位置在两根链杆延长线的交点，称这种铰为瞬铰（或虚铰）。两根平行链杆所起的约束作用相当于无穷远处瞬铰

- 无穷远处瞬铰。体系中如有无穷远处瞬铰，在几何组成分析时，可采用投影几何中关于无穷远点和无穷线的结论：①每个方向都有且只有一个无穷远点，即该方向各平行线的交点，不同方向有不同的无穷远点；②各方向的无穷远点都在一条广义直线（无穷线）上；③有限点都不在无穷线上

**二元体** —— 二元体是指由两根不在同一直线上的链杆固定一个新结点的装置。其特点是在原体系上增加或去掉一个二元体，不改变原体系的自由度数目，也不会改变原体系的几何构造特性

**自由度** —— 完全确定体系位置所需的独立坐标的数目。平面内 1 个点有 2 个自由度，1 个刚片有 3 个自由度

**约束（减少自由度的部件即为约束）**

- **链杆约束** 1 根链杆相当于 1 个约束，可以减少 1 个自由度

- **铰**
  - 单铰：联结两个刚片的铰，一个单铰相当于 2 个约束，可以减少 2 个自由度
  - 复铰：联结三个及三个以上刚片的铰，联结 $n$ 个刚片的复铰相当于 $n-1$ 个单铰，将减少 $2(n-1)$ 个自由度

- **刚结点**
  - 单刚结点：联结两个刚片的结点，一个单刚结点相当于 3 个约束，可以减少 3 个自由度
  - 复刚结点：联结三个及三个以上刚片的结点，联结 $n$ 个刚片的复刚结点相当于 $n-1$ 个单刚结点，可以减少 $3(n-1)$ 个自由度

一个空间刚体与地面构成几何不变体系至少需要六个链杆约束

**1. 基本概念**

- 必要约束与多余约束
  - **必要约束** 使体系成为几何不变体系而必需的约束
  - **多余约束** 必要约束之外的约束
  - 必要约束与多余约束经常是相对而言的，有时多余约束可以转化为必要约束，必要约束也可转化为多余约束
- 体系的自由度数 —— 各组成部分互不联结时总的自由度数减去体系中的必要约束数
- 体系的计算自由度
  - 体系各组成部分互不联结时总的自由度数减去体系中所有约束数，可记为 $W$
  - 几何不变的必要条件是计算自由度小于等于零，若计算自由度大于零，则自由度必然大于零，体系几何可变

**2. 平面几何不变体系的组成规律及灵活应用**

- 基本规律
  - **规律 1** 一个刚片与一点用两根链杆相联，且三铰不共线，则组成无多余约束的几何不变体系
  - **规律 2** 两个刚片用一个铰和一根链杆相联，且三铰不共线，则组成无多余约束的几何不变体系
  - **规律 3** 三个刚片用三个铰两两相联，且三铰不共线，则组成无多余约束的几何不变体系
  - **规律 4** 两个刚片用三根链杆相联，且三根链杆不交于一点，则组成无多余约束的几何不变体系
  - **规律 5** 二元体规律：在原体系上增加或去掉一个二元体，不改变原体系的自由度数目，也不会改变原体系的几何构造特性
- 一些结论
  - 三个刚片用三个铰两两相联，其中一个铰为无穷远虚铰，当另两个铰的连线不与构成虚铰的两链杆平行时，构成几何不变体系
  - 三个刚片用三个铰两两相联，其中两个铰为无穷远虚铰，当两个无穷远虚铰方向不同时，体系几何不变
  - 三个刚片用三个铰两两相联，其中三个铰为无穷远虚铰，由于所有无穷远点都在无穷线上，因此体系几何可变

**3. 平面杆件体系的计算自由度 W**

确定计算自由度的方法、注意事项及应用原则

取刚片为对象，结点和链杆为约束，则 $W=3\times$ 刚片总数 $-$（$3\times$ 单刚结点个数 $+$ $2\times$ 单铰结点个数 $+$ 单链杆数）

取结点为对象，链杆为约束，则 $W=2\times$ 结点总数 $-$ 单链杆个数

注意：①在确定约束数时，应先把复约束化成单约束（$n$ 个刚片间的结合相当于 $n-1$ 个单结合）；②若刚片本身是闭合的，还应减去其内部的多余约束

由计算自由度得出的结论

若 $W>0$，则体系缺乏必要的约束，一定是几何常变的。注意：若所分析的体系没有与基础相联，应将计算出的 $W$ 减去 3（意思是把体系与基础之间用三根链杆联结起来），如果仍大于零，才可判断体系是几何常变的，否则体系本身不一定是几何常变的

若 $W=0$，则体系具有保证几何不变所需的最少约束数，但并不能判断出体系是几何不变的（此时若无多余约束则为几何不变，若有多余约束则为几何可变）

若 $W<0$，则体系具有多余约束，但也不能判断出体系是几何不变的。$W \le 0$ 是保证体系为几何不变的必要条件，而非充分条件

若一个体系的计算自由度为 $W$，有 $n$ 个多余约束，当 $n=-W$ 时，该体系为几何不变体系。原因如下：自由度 $S$ 和计算自由度 $W$ 的关系式 $S-W=n$，当体系几何不变时，自由度 $S=0$，代入得 $n=-W$

瞬变体系的计算自由度可能小于零

# 第 2 章 静定结构内力分析

静定结构内力分析

- 1. 静定结构的一般性质
- 2. 静定梁和刚架
- 3. 静定桁架的基本概念
- 4. 静定组合结构
- 5. 三铰拱

静定结构是无多余约束的几何不变体系，用静力平衡条件可以唯一地求得全部内力和反力

静定结构只在荷载作用下产生内力，其他因素作用时（如支座位移、温度变化、制造误差、材料收缩等），只引起位移或变形，不产生内力

支座位移：使结构发生刚体位移，不产生变形

温度变化、制造误差、材料收缩：既能引起结构位移，也能使结构产生变形

✦ 非荷载因素不产生内力的原因：静定结构的位移和变形是自由的，不会受到约束。内力为零可以由静力平衡条件得到验证

**1. 静定结构的一般性质**

静定结构的内力（或反力）与杆件的刚度无关

静定结构如果仅在基本部分上作用荷载，附属部分一定不会产生内力；如果在附属部分上作用荷载，可以在基本部分上产生内力

在荷载作用下，如果仅靠静定结构的某一局部就可以与荷载维持平衡，则只有这部分受力，其余部分不受力

注意：当平衡荷载作用在静定结构几何不变的局部时，该性质始终成立，作用在几何可变的局部时不一定总成立。因此应用该条性质时，应注意区分荷载作用在几何不变的部分还是在几何可变的部分

当作用于静定结构一个内部几何不变部分上的荷载作等效变换时，其余部分的内力不变

当静定结构中一个内部几何不变部分作构造变换时，其余部分的内力不变

静定结构有弹性支座或弹性结点时，内力与有刚性支座或刚性结点时一样，但位移不同

该条结论的依据：弹性支座在荷载作用下会产生变形，相当于支座发生了位移，而支座位移对静定结构的受力无影响，只对位移有影响

注意：此性质不适用于超静定结构，应用时应看清楚是静定结构还是超静定结构

**1. 静定结构的一般性质**

- 静定结构内力大小仅与荷载大小有关，和支座移动等非荷载因素无关

- 结构有变形不一定有应力（例如：悬臂梁在温度变化下有变形，无内力，无应力），有应力不一定有变形（例如：两端固定梁在温差下有内力，无变形）

- 当一个平衡力系作用在静定结构的一个几何不变部分上时，整个结构只有该部分受力，而其他部分内力等于零

☆ 静定结构内力分析和刚度无关，所以应用叠加原理求内力时，不要求材料是线弹性的 ←

**2. 静定梁和刚架**

- 分段叠加法画弯矩图 / 叠加原理的适用范围 ── 既适用于静定结构，也适用于超静定结构，还适用于变截面的情况，结构中几何可变的局部也能用。但该法是以叠加原理为基础的，因此只适用于小变形的情况

- 分段叠加法画弯矩图的注意点 ── 所谓叠加，是对应竖标值的代数叠加，不是图形的叠加

- 叠加原理
  - 叠加原理是指由几个外力（包括荷载、支座位移、温度变化等）同时作用所引起的某一参数（内力或位移）等于每个外力单独作用时引起的该参数值之和
  - 叠加原理的应用条件：用于静定结构内力计算时应满足小变形，用于位移计算和超静定结构的内力与位移计算时，材料还应服从胡克定律，即材料是线弹性的

- 内力的正负规定
  - **轴力** 沿杆件轴线方向的内力即为轴力，轴力以拉力为正、压力为负
  - **剪力** 垂直于杆件轴线方向的内力即为剪力，剪力以使微段隔离体顺时针方向转动为正、逆时针方向转动为负
  - **弯矩** 刚架中的弯矩正负号不作硬性规定，但弯矩图应画在受拉一侧。通常，梁中的弯矩仍以使截面下侧纤维受拉为正、受压为负

- 二力杆与受弯杆
  - **二力杆** 又称桁架式杆件，是指两端铰接、杆间没有荷载的杆，二力杆中只有轴力
  - **受弯杆** 又称刚架式杆件，一般同时承受弯矩、剪力和轴力的作用

**2. 静定梁和刚架** — 关于对称性的知识

**对称性与内力图**
- 对称结构在正对称荷载作用下，弯矩图和轴力图是正对称的，剪力图是反对称的
- 对称结构在反对称荷载作用下，弯矩图和轴力图是反对称的，剪力图是正对称的

**关于对称性的重要结论**
- 正对称荷载作用下，只有正对称内力，反对称内力等于零
- 反对称荷载作用下，只有反对称内力，正对称内力等于零

**正对称荷载与反对称荷载** — 大部分的对称荷载都可以显而易见地看出是正对称荷载还是反对称荷载，只有几个特殊情况需要单独记住（见图）

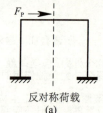

反对称荷载
(a)

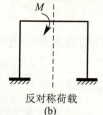

反对称荷载
(b)

**正对称内力与反对称内力** — 注意：某个内力是正对称内力还是反对称内力，不是固定不变的，是会随结构形式的变化而发生变化的。右边是两个典型的结构，其他结构的分析方法是类似的

如图（a）所示刚架，A 结点是刚结点，可以传递弯矩、剪力和轴力。很明显，弯矩和轴力是正对称的，剪力是反对称的，如图（b）所示。

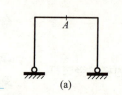

(a)

(b)

如图（c）所示刚架，$A$ 结点是刚结点，可以传递弯矩、剪力和轴力。弯矩和剪力是反对称的，轴力是正对称的 [见图（d）]。特别注意，水平轴并不是对称轴，竖向的轴才是对称轴，所以我们要把内力沿着竖向轴分解，如图（e）所示，就可明显看出弯矩和剪力是反对称的，轴力是正对称的

**2. 静定梁和刚架**

**关于对称性的知识**

**正对称内力与反对称内力**

注意：某个内力是正对称内力还是反对称内力，不是固定不变的，是会随结构形式的变化而发生变化的。右边是两个典型的结构，其他结构的分析方法是类似的

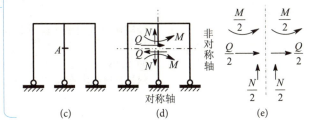

(c)　(d)　(e)

**弯矩、剪力及荷载之间的微分关系**

$$\frac{\mathrm{d}F_N}{\mathrm{d}x}=-q_x,\ \frac{\mathrm{d}F_Q}{\mathrm{d}x}=-q_y$$

$$\frac{\mathrm{d}M}{\mathrm{d}x}=F_Q,\ \frac{\mathrm{d}^2M}{\mathrm{d}x^2}=-q_y$$

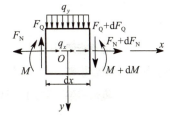

根据微分关系可知：梁在剪力为零的截面处，弯矩有极值

三角形荷载分布的区段，弯矩是 $x$ 的三次函数，为三次抛物线。根据弯矩和剪力的微分关系，剪力是弯矩的一阶导数，即剪力是 $x$ 的二次函数，为二次抛物线

**2. 静定梁和刚架**

基本部分与附属部分

**基本部分** 所谓基本部分，是指其自身已形成几何不变体系，或者可以独立承受预定荷载的部分。作用于静定结构基本部分上的荷载不会传至附属部分，它仅使基本部分产生内力

**附属部分** 附属部分是指需要依靠基本部分的支承才能维持其几何不变性的部分。作用于附属部分上的荷载将传至基本部分，使附属部分和基本部分均产生内力

在进行静定结构的受力分析时，应该首先分析附属部分，然后再向基本部分推进

斜梁

如图所示的斜梁，若改变 B 点链杆的方向（不通过 A 铰），轴力会发生变化，弯矩和剪力不发生变化

图中的斜梁，均布荷载下的跨中弯矩为 1/8 乘以 q，再乘以 l 的平方。其中 l 是斜杆长度在水平方向的投影

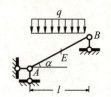

**3. 静定桁架的基本概念**

桁架的内力计算中采用的假定

①桁架的结点都是光滑的铰结点

②各杆的轴线都是直线并通过铰的中心

③荷载和支座反力都作用在结点上

桁架的分类

**简单桁架** 由基础或一个基本铰结三角形开始，依次增加二元体所构成的桁架

**联合桁架** 由几个简单桁架按几何不变体系的基本组成规则联成的桁架

**复杂桁架** 不属于前两类的其他桁架

桁架的内力计算方法

**结点法** 取桁架结点为隔离体，建立平衡方程求解的方法。每个结点最多只含有两个未知力。该法最适用于计算简单桁架。根据结点法，可以得出一些结点平衡的特殊情况，能使计算简化

**3. 静定桁架的基本概念**

桁架的内力计算方法

**截面法** 截面法取出的隔离体包含两个及两个以上的结点，隔离体上的力构成平面一般力系，建立三个平衡方程求解。该法一般用于计算联合桁架，也可用于简单桁架中少数杆件的计算。在用截面法计算时，充分利用截面单杆，能使计算得到简化

截面单杆的概念：在被某个截面所截的内力为未知的各杆中，除某一杆外，其余各杆都交于一点（或彼此平行），则此杆称为截面单杆。截面单杆的内力可从该截面相应隔离体的平衡条件中直接求出

**结点法和截面法的联合应用** 先用结点法求出杆件内力之间的关系，再用截面法求内力

**4. 静定组合结构**

组合结构的概念 —— 组合结构是指由轴力杆和梁式杆组成的结构，其中轴力杆只有轴力，梁式杆除了有轴力外，还会产生弯矩和剪力，因此准确判断哪些杆件是梁式杆，哪些杆件是轴力杆，是计算的关键

如何判断哪些杆件是梁式杆，哪些杆件是轴力杆？ —— 两端铰接的直杆，若除铰结点外，杆件本身不作用横向荷载，则此杆为轴力杆；除此之外，其他杆件都是梁式杆

**5. 三铰拱**

三铰拱的定义 —— 有三个铰的拱结构即为三铰拱，三铰拱是静定结构

拱式结构的静力特征

①拱式结构的基本静力特征：在竖向荷载作用下，拱的支座处将产生水平推力

②三铰拱因支座处存在水平推力，它会产生使拱体外缘受拉的弯矩，这样就使得合成后的截面弯矩比相应简支梁的弯矩小得多

③在竖向荷载作用下支座处存在水平推力，从而使拱体主要承受轴向压力

拱结构中的基本概念

**拱轴线** 拱体各横截面形心点的连线称为拱轴线

**拱趾** 拱的两端与支座联结处称为拱趾，拱趾位于同一标高的拱称为平拱，位于不同标高的拱称为斜拱

**拱顶** 拱轴的最高点称为拱顶

**跨度** 两拱趾的水平距离 $l$ 称为跨度

**拱高** 由拱顶至两拱趾连线的竖向距离 $f$ 称为拱高或矢高。拱高与跨度之比 $f/l$ 称为拱的高跨比（矢跨比）

**支座反力公式**

①平拱〔见图（a）〕。

$$F_{yA} = F_{yA}^0, \quad F_{yB} = F_{yB}^0, \quad F_H = \frac{M_C^0}{f}$$

②斜拱〔见图（b）〕。

$$F_{yA} = F_{yA}^0 + F_H \tan\alpha, \quad F_{yB} = F_{yB}^0 - F_H \tan\alpha, \quad F_H = \frac{M_C^0}{f}$$

式中，$F_{yA}$，$F_{yB}$ 表示三铰拱的竖向反力；$F_{yA}^0$，$F_{yB}^0$ 表示相应简支梁的竖向反力；$F_H$ 表示三铰拱的水平反力；$M_C^0$ 表示相应简支梁截面 $C$ 的变矩

**5. 三铰拱**　三铰拱在竖向荷载下的计算公式

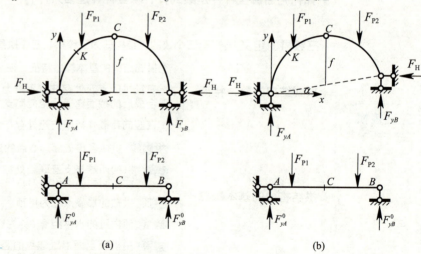

(a)　　　　　　(b)

平拱内力公式

$$M_K = M_K^0 - F_H y_K$$

$$F_{QK} = F_{QK}^0 \cos\varphi - F_H \sin\varphi$$

$$F_{NK} = -F_{QK}^0 \sin\varphi - F_H \cos\varphi$$

式中，$M_K$，$F_{QK}$，$F_{NK}$ 表示三铰拱中任一截面 $K$ 的三个内力分量（弯矩以使拱内侧受拉为正，剪力以使拱段顺时针转动为正，轴力以拉力为正）；$M_K^0$，$F_{QK}^0$ 表示相应简支梁截面 $K$ 的弯矩和剪力；$y_K$ 表示在截面 $K$ 处，拱轴沿垂线方向至支座连线的距离；$\varphi$ 表示在截面 $K$ 处，拱轴切线与水平线所成的锐角，$\varphi$ 以左的半拱为正，以右的半拱为负

5. 三铰拱

三铰拱在竖向荷载下的计算公式

合理拱轴线

定义　在某种荷载作用下，若该种拱轴线使各个拱截面轴力不等于 0，弯矩等于 0，则这条拱轴线为合理拱轴线

求法　表达出任一截面的弯矩 $M(x)$，令 $M(x)=0$，求出 $y$ 与 $x$ 的表达式，即为合理拱轴线

各种形式荷载下的合理拱轴线形式

均布荷载作用下：抛物线

集中力作用下：直线

堆土荷载作用下：悬链线

**5. 三铰拱** —— **一些重要结论**

①在相同跨度及竖向荷载下，拱脚等高的三铰拱的水平推力随矢高减小而增大

②三铰拱杆件的内力特征为 $M$，$F_Q$ 和 $F_N$ 均存在

③当三铰拱的轴线为合理拱轴线时，顶铰位置可随意在拱轴上移动而不影响拱的内力

④三铰拱在竖向荷载作用下，其支座反力与三个铰的位置有关，与拱轴形状无关

⑤在相同的竖向荷载作用下，三铰拱与相应简支梁对应截面的弯矩值相比，三铰拱的弯矩比相应的简支梁的弯矩小，原因是三铰拱有水平推力

⑥当三铰拱的轴线为合理拱轴线时，是在某一种荷载下任意截面处的弯矩为零，而不是在任意荷载作用下截面的弯矩处处为零

⑦三铰拱的合理拱轴线与荷载作用情况有关

# 第 3 章　静定结构影响线

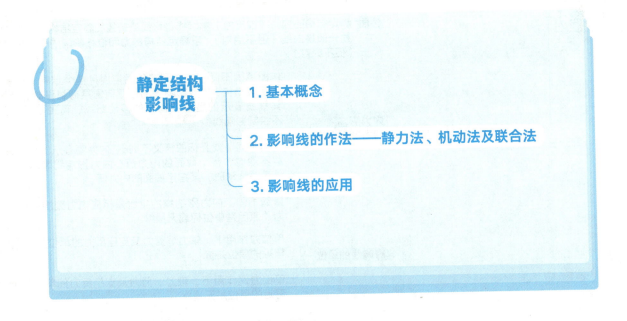

静定结构
影响线

1. 基本概念

2. 影响线的作法——静力法、机动法及联合法

3. 影响线的应用

移动荷载的概念 —— 所谓移动荷载，一般是指荷载的大小和方向不变，而作用位置是在结构上移动的

**1. 基本概念**

**概念** 影响线是在单位移动荷载作用下表示结构某一量值（某确定截面的内力、反力或位移）变化规律的图形。它在某点的竖标表示单位荷载作用于该点时，量值的大小；其绘制范围是从荷载移动的起点画至终点，荷载不经过处，不绘制影响线。影响线竖标的量纲：反力、轴力、剪力——无量纲，弯矩——长度 $L$

**性质** 静定结构的内力（或反力）影响线是直线或折线；静定结构的位移影响线一般是曲线（但不绝对）；超静定结构的力和位移影响线一般是曲线（但不绝对）

影响线的概念及性质

**内力影响线与内力图的区别**

作图范围不同。内力图的作图范围是整个结构，其基线表示该结构；内力影响线的作图范围是荷载移动的范围，其基线表示的是单位荷载的移动路线，荷载不经过处，不绘制影响线

截面不同（或竖标的含义不同）。内力图表示的是当外荷载不动时，各个截面的内力值；内力影响线表示的是当外荷载移动时，某指定截面的内力值

量纲不同。内力影响线的量纲是相应内力图的量纲除以力（原因是单位荷载无量纲）

**影响线的单位**

单位力作用下，轴力、剪力及支座反力的单位是无量纲，弯矩的单位是 m

单位力偶作用下，轴力、剪力及支座反力的单位是 $m^{-1}$，弯矩的单位是无量纲

影响线与结构所受的支承条件、结构本身的形式和尺寸等因素有关

**1. 基本概念** ── 影响线的概念及性质 ── 结构上某截面剪力的影响线，在该截面处不一定有突变，例如：间接荷载下的剪力影响线在该截面处没有突变

影响线的基线应当与单位力的作用线垂直

**2. 影响线的作法 ——静力法、机动法及联合法**

静力法

**定义** 所谓静力法，就是利用静力平衡条件首先列出某指定量值 $S$（代表某项内力或反力）随单位荷载 $F_P=1$ 作用位置的移动而变化的数学表达式，称为影响线方程，然后再按影响线方程作出量值 $S$ 的影响线

**应用范围**
题目要求使用静力法，那一定要用静力法作影响线

斜梁一般用静力法比较简单

其余情况都用机动法或联合法

影响线正负号的含义 ── 正号表示和假设方向相同，负号表示和假设方向相反。不同的假设方向，可能求出的影响线符号恰恰相反，但都是正确的结果

机动法

**原理** 以刚体系虚功原理为依据，将求内力和反力影响线的静力学问题转化为作位移图的几何学问题

**应用范围** 梁、简单刚架

联合法

**定义** 联合法是先运用机动法迅速确定所求量值影响线的图形特征，再运用静力法确定图形上控制点的竖标，从而顺利地完成较复杂静定结构影响线的绘制

**注意** ①如果结构复杂，用机动法确定影响线的形状特征是比较困难的，所以我们主要是利用机动法来确定刚片。一个刚片相当于一条直线，两点确定一条直线，所以只需要在每条直线上找两个控制点即可。②用静力法及影响线含义求控制点的竖标

**应用范围** 主要适用于桁架结构、刚架结构及组合结构

**3. 影响线的应用**

- 求固定荷载作用下的内力（或反力）值

  - **集中荷载作用** 设一组集中荷载 $F_{P1}$，$F_{P2}$，…，$F_{Pn}$ 作用于结构，某量值 $Z$ 的影响线在各荷载作用处的竖标为 $y_1$，$y_2$，…，$y_n$（代数值），则 $Z = F_{P1}y_1 + F_{P2}y_2 + \cdots + F_{Pn}y_n$

  - **分布荷载作用** 如果结构在 $AB$ 段承受分布荷载 $q_x$，则 $Z$ 值为 $Z = \int_A^B yq_x \mathrm{d}x$，若 $q_x$ 为常数 $q$，则 $Z = q\int_A^B y\mathrm{d}x = qA$，其中 $A$ 表示影响线的图形在 $AB$ 段的面积的代数和

- 求荷载的最不利位置

  - **几种不同荷载作用下的最不利位置**

    - ①单个集中荷载。如果移动荷载是单个集中荷载，则最不利位置是这个集中荷载作用在影响线的最大竖标处

    - ②一组集中荷载。如果移动荷载是一组集中荷载，则在最不利位置时，必有一个集中荷载作用在影响线的顶点，计算各临界位置的影响值，并求出其中的最大值。与最大值对应的临界位置即为最不利荷载位置

    - ③可按任意方式分布的均布荷载。如果移动荷载是均布荷载，而且可以按任意方式分布，则最不利位置是在影响线正号区布满荷载（取最大正值时），或在负号区布满荷载（取最大负值时）

    - ④一段长度不变的均布荷载。长度为 $l$ 的均布荷载的最不利位置按 $\sum F_{Ri}\tan\alpha_i = 0$ 的条件判断。当影响线为三角形时（见图），满足 $\dfrac{F_{Ra}}{a} = \dfrac{F_{Rb}}{b}$ 或 $y_a = y_b$ 的荷载位置即为最不利荷载位置

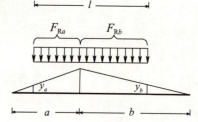

**3. 影响线的应用**　求荷载的最不利位置　**临界位置的判定**

① 多边形影响线 [见图 (a)]。

当 $Z$ 为极大值时：

$$荷载左移 \sum F_{Ri} \tan \alpha_i \geqslant 0$$
$$荷载右移 \sum F_{Ri} \tan \alpha_i \leqslant 0$$

当 $Z$ 为极小值时：

$$荷载左移 \sum F_{Ri} \tan \alpha_i \leqslant 0$$
$$荷载右移 \sum F_{Ri} \tan \alpha_i \geqslant 0$$

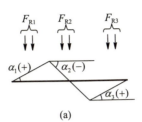

(a)

② 三角形影响线 [见图 (b)]。

当 $Z$ 为极大值时：

$$\frac{F_{R左} + F_{Pcr}}{a} \geqslant \frac{F_{R右}}{b}$$

$$\frac{F_{R左}}{a} \leqslant \frac{F_{R右} + F_{Pcr}}{b}$$

当 $Z$ 为极小值时：

$$\frac{F_{R左} + F_{Pcr}}{a} \leqslant \frac{F_{R右}}{b}$$

$$\frac{F_{R左}}{a} \geqslant \frac{F_{R右} + F_{Pcr}}{b}$$

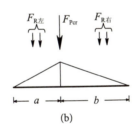

(b)

式中，$F_{Pcr}$ 为临界荷载，位于影响线顶点；$F_{R左}$，$F_{R右}$ 为影响线左、右直线上外荷载的合力

注意：也可将上述 $Z$ 为极大值和极小值的两种情况合并叙述为当 $F_{Pcr}$ 移至不等式左边或右边时不等式变号

**定义** 在给定的移动荷载作用下梁内可能出现的弯矩最大值称为绝对最大弯矩

①确定使梁中点附近截面发生最大弯矩的临界荷载 $F_{Pcr}$（可能有多个）

②移动荷载组，使 $F_{Pcr}$ 与梁上荷载的合力对称分布于梁的中点两侧

③计算此时 $F_{Pcr}$ 作用点处截面的弯矩，即为极大值 $M_{max}$，

$$M_{max} = \frac{F_R}{l}\left(\frac{l-a}{2}\right)^2 - M_{cr}$$

式中，$M_{cr}$ 为 $F_{Pcr}$ 以左梁上荷载对 $F_{Pcr}$ 作用点的力矩总和；
$F_R$ 为梁上实有荷载的合力；
$a$ 为合力 $F_R$ 与 $F_{Pcr}$ 之间的距离，若 $F_{Pcr}$ 在合力 $F_R$ 左边，$a$ 取正值，反之取负值；
$l$ 为梁长

④比较各临界荷载作用点的最大弯矩，选择其中最大的一个，就是绝对最大弯矩

**计算移动荷载组作用下简支梁绝对最大弯矩的步骤**

**求绝对最大弯矩**

**3. 影响线的应用**

**简支梁的绝对最大弯矩恒不小于跨中截面最大弯矩的原因**
简支梁的绝对最大弯矩不一定在中点（一般在中点附近），但在某些特定荷载下，绝对最大弯矩也可能出现在中点（如梁上荷载对称，且荷载的合力恰好和临界荷载重合时）

**简支梁的包络图**

**定义** 在给定荷载作用下，连接各截面最大内力的曲线称为内力包络图，它表示各截面的内力可能的变化范围

**作内力包络图的方法** 当荷载在梁上移动时，只要逐个算出各截面的最大内力，连成曲线就得到荷载作用下简支梁的内力包络图。通常为减少计算量，可将梁分成几等份，求出每个等分点的最大内力和最小内力，连成曲线，可得近似的内力包络图。但应注意，弯矩包络图中要给出绝对最大弯矩及其作用位置

# 第 4 章　静定结构位移计算

**静定结构位移计算**
- 1. 基本概念与荷载下位移计算公式
- 2. 图乘法相关内容
- 3. 非荷载因素下位移计算
- 4. 线弹性体系的互等定理
- 5. 各种定理公式适用范围

**1. 基本概念与荷载下位移计算公式**

**广义位移**

广义位移包括线位移、角位移（转角）、相对线位移、相对角位移（相对转角），如图所示，$BB'$ 和 $CC'$ 分别表示 $B$ 点和 $C$ 点的线位移；$\theta_B$ 表示刚结点 $B$ 的角位移；而 $\Delta_{\theta_C}$ 则表示铰 $C$ 左、右两侧杆件截面之间的相对角位移

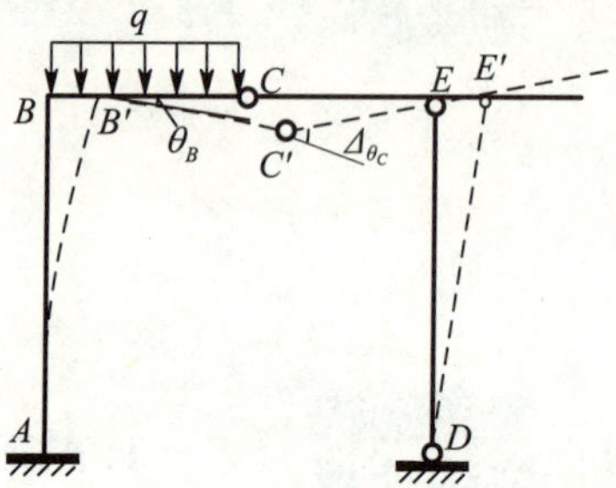

**使结构产生位移的因素** —— 荷载因素；温度变化、支座移动、材料收缩和制造误差等非荷载因素

**变形体的虚功原理**

变形体的虚功原理可表述为变形体处于平衡时，在任何无限小的虚位移下，外力所做虚功之和等于变形体所接受的虚变形功。若以 $\delta W_e$ 表示外力虚功之和，以 $\delta W_i$ 表示整个变形体所接受的虚变形功，则有如下变形体虚功方程：$\delta W_e = \delta W_i$

关于变形体虚功原理的注意点。
①虚功原理中涉及的平衡状态与虚位移状态之间是相互独立的，不存在因果关系。即虚位移并非由原平衡状态的内、外力引起，而是由其他任意原因引起的可能位移，所以将所做的功称为虚功。
②虚功原理可以适用于任何类型的结构，并可以适用于材料非线性和几何非线性问题

平面杆系结构的虚功方程（适用于所有结构，材料非弹性，不满足小变形时，都可以用）为

$$\delta W_e = \sum \int (F_N \delta \varepsilon + F_Q \delta \gamma_0 + M \delta \kappa) \mathrm{d}s$$

$$\Delta_K = \sum \int (\bar{F}_N \varepsilon + \bar{F}_Q \gamma_0 + \bar{M} \kappa)\mathrm{d}s - \sum \bar{F}_R c$$

**结构位移计算的一般公式——单位荷载法**

上式便是平面杆系结构位移计算的一般公式。式中 $\varepsilon$，$\gamma_0$ 和 $\kappa$ 分别为实际状态结构杆件的轴向应变、平均剪切应变和曲率。单位力下的内力为 $\bar{F}_N$，$\bar{F}_Q$，$\bar{M}$ 和反力 $\bar{F}_R$。这种通过虚设单位荷载作用下的平衡状态，利用虚功原理求结构位移的方法称为单位荷载法

单位荷载法的注意点：①求哪个点的位移，就在哪个点加单位力；②单位荷载法仅适用于小变形问题，弹性和非弹性的都可以

**1. 基本概念与荷载下位移计算公式**

**广义位移与广义力**

在用单位荷载法建立虚拟的平衡状态时，需注意单位荷载应是与所求广义位移相应的广义力。而所谓的相应，是指力与位移在做功关系上的对应，例如与线位移相应的是集中力，与角位移相应的是力偶，与相对线位移相对应的是相对集中力，与相对角位移相对应的是相对力偶

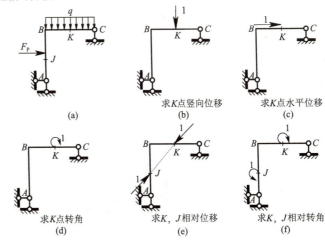

(a)

求 $K$ 点竖向位移
(b)

求 $K$ 点水平位移
(c)

求 $K$ 点转角
(d)

求 $K$，$J$ 相对位移
(e)

求 $K$，$J$ 相对转角
(f)

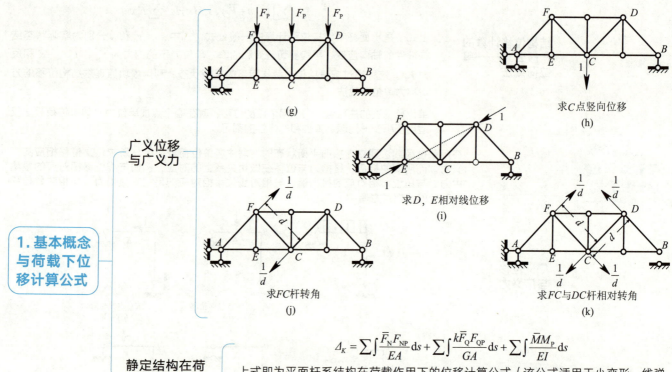

广义位移
与广义力

(g)

求C点竖向位移
(h)

求D，E相对线位移
(i)

1.基本概念
与荷载下位
移计算公式

求FC杆转角
(j)

求FC与DC杆相对转角
(k)

静定结构在荷
载作用下的位
移计算

$$\Delta_K = \sum \int \frac{\overline{F}_N F_{NP}}{EA} \mathrm{d}s + \sum \int \frac{k\overline{F}_Q F_{QP}}{GA} \mathrm{d}s + \sum \int \frac{\overline{M}M_P}{EI} \mathrm{d}s$$

上式即为平面杆系结构在荷载作用下的位移计算公式（该公式适用于小变形，线弹性）。由此可见，只要分别求得结构在虚拟状态单位荷载作用下的内力和在实际状态荷载作用下的内力，就可以利用上式计算任意的指定位移。上式等号右边的三项分别代表杆件的轴向变形、剪切变形和弯曲变形对结构位移的贡献

**梁和刚架** 在梁和刚架中，位移主要是由杆件的弯曲变形引起的，轴向变形和剪切变形的影响一般很小，可以略去。梁和刚架的位移计算公式为

$$\Delta_K = \sum \int \frac{\overline{M} M_P}{EI} \mathrm{d}s$$

**桁架** 在桁架中，各杆只受轴力，而且每一杆件的截面形状尺寸和所受轴力一般是沿杆长不变的，故其位移计算公式可简化为

$$\Delta_K = \sum \frac{\overline{F}_N F_{NP} l}{EA}$$

**组合结构** 在组合结构中，有刚架式杆和只承受轴力的链杆两种不同性质的杆件。对于刚架式杆，一般可只计入弯曲变形的影响，而对于链杆则应考虑其轴向变形的影响。此时，位移计算公式为

$$\Delta_K = \sum \frac{\overline{F}_N F_{NP} l}{EA} + \sum \int \frac{\overline{M} M_P}{EI} \mathrm{d}s$$

**拱** 看题目要求，如果题目说明了考虑轴向变形则包括两项，如果题目没说考虑轴向变形，则只包括第一项。考虑轴向变形时，位移计算公式为

$$\Delta_K = \sum \int \frac{\overline{M} M_P}{EI} \mathrm{d}s + \sum \int \frac{\overline{F}_N F_{NP}}{EA} \mathrm{d}s$$

**各类结构需要考虑的变形**

**1. 基本概念与荷载下位移计算公式**

**绝对刚度和相对刚度**
- ①绝对刚度是指弯曲刚度 $EI$ 的绝对值
- ②相对刚度是指各杆件弯曲刚度 $EI$ 的比值

**静定结构的位移和内力与刚度的关系**
- ①静定结构在荷载因素下的位移与刚度的绝对值相关
- ②静定结构在非荷载因素下的位移与刚度无关
- ③静定结构在荷载下的内力与刚度无关，即与绝对刚度和相对刚度均无关

**1. 基本概念与荷载下位移计算公式**

- **虚力原理与虚位移原理**
  - 按照虚力原理所建立的虚功方程等价于几何方程。按照虚位移原理所建立的虚功方程等价于平衡方程
  - 单位荷载法是由虚力原理推导出来的

- **刚体体系与变形体体系虚功原理**
  - 刚体体系与变形体体系虚功原理的区别在于前者的外力总虚功等于零，后者的外力总虚功等于其总虚应变能

- **位移计算公式的准确性**
  - 梁和刚架的位移计算公式 $\Delta = \sum \int \dfrac{M_P \bar{M}}{EI} \mathrm{d}s$ 在理论上是近似的，误差在工程上是允许的。特别注意：梁和刚架的公式只有在常规高跨比时，误差在工程上是允许的，高跨比较大时，忽略剪切变形会引起较大误差。桁架的位移计算公式 $\Delta = \sum \int \dfrac{F_{NP}\bar{F}_N}{EA} \mathrm{d}s$ 是准确的

- **注意**
  - 应用虚功原理时，其中力系应满足平衡条件

**2. 图乘法相关内容**

- **图乘法的用途**
  - 图乘法是用来计算 $\int \dfrac{\bar{M}M_P}{EI} \mathrm{d}s$ 这个积分表达式的数学简化计算方法，但要注意图乘法也适用于计算 $\int \dfrac{\bar{T}T_P}{GI_P} \mathrm{d}s$ ，$\int \dfrac{\bar{N}N_P}{EA} \mathrm{d}s$ ，$k\int \dfrac{\bar{Q}Q_P}{GA} \mathrm{d}s$ 这类积分表达式

- **图乘法**
  - $$\int \dfrac{\bar{M}M_P}{EI} \mathrm{d}s = \dfrac{Ay_0}{EI}$$
  - 式中，$y_0$ 为 $M_P$ 图的形心位置 $C$ 所对应的 $\bar{M}$ 图中的竖标

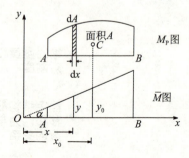

**2. 图乘法相关内容**

**图乘法的注意点**

①推导图乘法时，取的是 $M_P$ 图的面积，$\bar{M}$ 图的竖标，这只是为了推导方便。实际计算时，可以取 $M_P$ 图的面积，也可以取 $\bar{M}$ 图的面积

②图乘法的操作可以这么记：一个取面积，一个取竖标，取竖标的图形只能是直线，不能是折线或曲线

③当面积 $A$ 与竖标 $y_0$ 在基线的同侧时应取正号，在异侧时应取负号

④图乘法只适用于等截面直杆段的情况，当杆件或其弯矩的图形在分段后才能满足上述适用条件时，可以分段图乘，然后将分段图乘的结果相加

⑤图乘法仅适用于 $EI$ 为常数或 $EI$ 为分段常数的杆件

⑥当弯矩图形较复杂，其面积或形心位置不易确定时，可以按照积分运算的规则，将其分解为几个简单的图形，分别与另一图形相乘，其代数和即为两图相乘的结果

**叠加法在图乘中的应用**　$M_P$ 图可以分为梯形和抛物线，图乘结果为 $\dfrac{A_3 y_2}{EI} + \dfrac{A_2 y_1}{EI}$

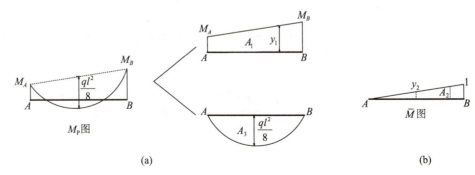

(a)　　　　　　　　　(b)

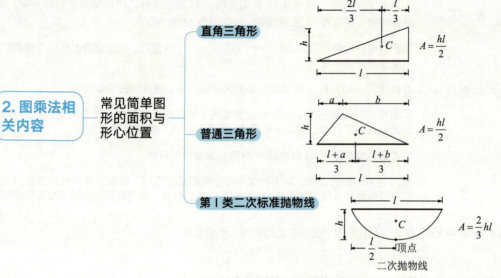

**2. 图乘法相关内容** — 常见简单图形的面积与形心位置
- **直角三角形** $A = \dfrac{hl}{2}$
- **普通三角形** $A = \dfrac{hl}{2}$
- **第 I 类二次标准抛物线** $A = \dfrac{2}{3} hl$

所谓标准抛物线，是指抛物线图形顶点处的切线与基线平行。第 I 类二次标准抛物线对应的荷载形式如图所示。

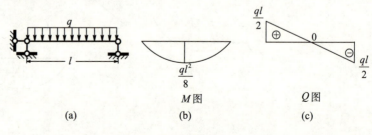

(a) (b) *M* 图 (c) *Q* 图

**2. 图乘法相关内容**

常见简单图形的面积与形心位置

第 Ⅱ 类二次标准抛物线

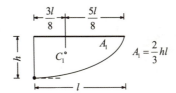

$A_1 = \dfrac{2}{3}hl$

第 Ⅲ 类二次标准抛物线

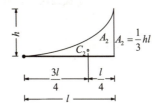

$A_2 = \dfrac{1}{3}hl$

第 Ⅲ 类二次标准抛物线对应的荷载形式如图所示。

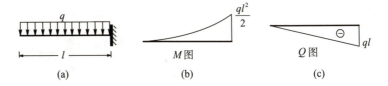

(a)　　　　　　(b)　　　　　　(c)

**2. 图乘法相关内容**　常见简单图形的面积与形心位置

第 I 类三次标准抛物线

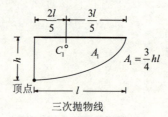

三次抛物线

第 II 类三次标准抛物线

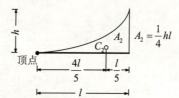

第 II 类三次标准抛物线对应的荷载形式如图所示

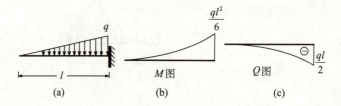

该公式也可以适用于弯矩图形位于基线两侧时的情况。此时，式中括号内各项的正、负号应按照在基线同侧竖标相乘取正、异侧竖标相乘取负的原则确定。该公式也适用于一端竖标为零，即图形为三角形时的情况

$$\frac{1}{EI}\int \bar{M}M_{\mathrm p}\mathrm ds = \frac{l}{6EI}(2ac + 2bd + ad + bc)$$

**两个梯形图乘公式**

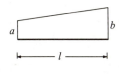

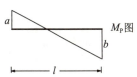

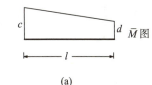

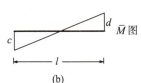

(a)　　　　　　　　　　(b)

**2. 图乘法相关内容**

**带弹簧结构的位移计算**

带弹簧结构的位移计算公式为 $\int \dfrac{\bar{M}M_{\mathrm P}}{EI}\mathrm ds + \dfrac{\bar{R}\times R_{\mathrm P}}{k}$，式中，$\bar{R}$ 为单位荷载作用下弹簧中的力，$R_{\mathrm P}$ 为外荷载作用下弹簧中的力

需要注意的是，该公式同样适用于带有转角弹簧的结构，其中 $R_{\mathrm P}$ 为外荷载作用下转角弹簧的弯矩，$\bar{R}$ 为单位荷载作用下转角弹簧的弯矩。$\bar{R}$ 与 $R_{\mathrm P}$ 方向相同为正，方向相反为负

**2. 图乘法相关内容**

**关于弹簧和转角弹簧的补充知识**

①弹簧是约束线位移的装置，但是约束能力不如链杆支座，如图（a）所示，弹簧在压力下的位移等于所受的力除以弹簧刚度，即 $\Delta = \dfrac{F}{k}$。转角弹簧是约束相对转角的装置，但是约束能力不如刚结点，如图（b）所示，转角弹簧在弯矩下的相对转角等于所受弯矩除以转角弹簧刚度，即 $\theta = \dfrac{M}{k_\theta}$。

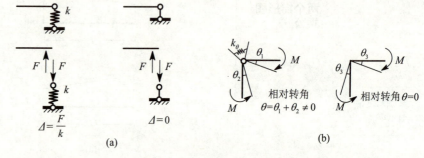

（a）

（b）

②静定结构中，由于内力与刚度无关，因此求弹簧的反力时，可以将弹簧看作支座链杆，求转角弹簧的弯矩时，可以将转角弹簧看作刚结点。但是，在超静定结构中，不能这样处理，因为超静定结构的内力与刚度有关

**关于对称性的补充知识**

在正对称荷载下，位移图为正对称；在反对称荷载下，位移图为反对称。
在正对称荷载下，对称轴处垂直于对称轴方向的位移始终为零［如图（a）中 $A$ 点的水平位移为零］，若对称轴处为刚结点，则该处转角也为零［如图（b）中 $A$ 点水平位移和转角都为零］；在反对称荷载下，对称轴处沿对称轴方向的位移始终为零［如图（c）中 $A$ 点移至 $A'$ 点，竖向位移为零］

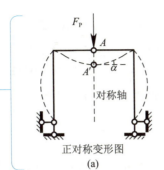

正对称变形图
(a)

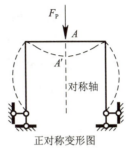

正对称变形图
(b)

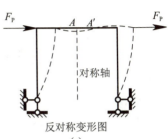

反对称变形图
(c)

**2. 图乘法相关内容** — 关于对称性的补充知识

**3. 非荷载因素下位移计算** — 由温度变化引起的位移

$$\Delta_{Ki} = \sum \alpha t_0 \int \overline{F}_N \mathrm{d}s + \sum \frac{\alpha \Delta t}{h} \int \overline{M} \mathrm{d}s = \sum \alpha t_0 A_{\overline{F}_N} + \sum \frac{\alpha \Delta t}{h} A_{\overline{M}}$$

式中，$A_{\overline{F}_N} = \int \overline{F}_N \mathrm{d}s$ 为 $\overline{F}_N$ 图的面积；$A_{\overline{M}} = \int \overline{M} \mathrm{d}s$ 为 $\overline{M}$ 图的面积。上式等号右边的第一项表示平均温度变化引起的位移；第二项表示杆件上下两侧温度变化之差引起的位移。

计算温度下的结构位移时的注意事项：

①利用上面的公式计算温度下的位移时，各项的正负号按以下原则确定：实际状态和虚拟状态一致为正，相反为负。例如：实际状态中，温度使杆件外侧纤维伸长。虚拟状态中，弯矩使杆件外侧纤维受拉伸长。所以实际状态与虚拟状态中，杆件外侧纤维都是伸长，效果相同，取正号。又例如，实际状态中，中性轴处温度升高，使杆件伸长，虚拟状态中，轴力使杆件受拉伸长。所以，实际状态与虚拟状态，杆件都是伸长，效果相同，取正号。

②当求结构由于温度变化而引起的位移时，杆件的轴向变形和弯曲变形对于位移的影响在数值上是相当的，所以一般不能略去轴向变形的影响

**3. 非荷载因素下位移计算**

**由制造误差引起的位移**

求由制造误差引起的位移，需要利用单位荷载公式，即 $\Delta_K = \sum \int (\bar{F}_N \varepsilon + \bar{F}_Q \gamma_0 + \bar{M}\kappa)\mathrm{d}s$。桁架结构在制造误差下的位移为 $\Delta_K = \sum \int \bar{F}_N \varepsilon \mathrm{d}s$，式中，$\bar{F}_N$ 为单位力作用下的轴力；$\varepsilon$ 为实际状态中由制造误差引起的杆件微段的轴向应变。$\varepsilon = \dfrac{\Delta}{l}$，式中 $\Delta$ 为制造误差量；$l$ 为杆件长度；$\bar{F}_N$ 以拉力为正，压力为负；$\Delta$ 以伸长为正，缩短为负，则

$$\Delta_K = \sum \bar{F}_N \int \frac{\Delta}{l}\mathrm{d}s = \sum \bar{F}_N \frac{\Delta}{l}\int \mathrm{d}s = \sum \bar{F}_N \times \frac{\Delta}{l} \times l = \sum \bar{F}_N \Delta$$

**由支座位移引起的位移**

静定结构在支座位移作用下杆件无变形，故只发生刚体位移。

由单位荷载法公式可知 $1 \times \Delta_K + \sum \bar{F}_R \times c = \sum \int (\bar{F}_N \varepsilon + \bar{F}_Q \gamma_0 + \bar{M}\kappa)\mathrm{d}s$，由于支座位移下，杆件没有变形，所以 $\varepsilon$，$\gamma_0$，$\kappa$ 均为零，可得 $\Delta_K = -\sum \bar{F}_R \times c$。这就是静定结构由于支座位移而引起的位移计算公式。式中，$\bar{F}_R$ 代表虚拟状态中的各支座反力，$c$ 为实际状态中与 $\bar{F}_R$ 相应的支座位移。其中 $\bar{F}_R$ 与 $c$ 方向相同则为正，方向相反则为负

**4. 线弹性体系的互等定理**

**功的互等定理**

在任一线性变形体系中，第一状态外力在第二状态位移上所做的功 $W_{12}$ 等于第二状态外力在第一状态位移上所做的功 $W_{21}$，即 $W_{12} = W_{21}$

**位移互等定理**

在任一线性变形体系中，由荷载 $F_{P1}$ 引起的与荷载 $F_{P2}$ 相应的位移影响系数 $\delta_{21}$ 等于由荷载 $F_{P2}$ 引起的与荷载 $F_{P1}$ 相应的位移影响系数 $\delta_{12}$，即 $\delta_{12} = \delta_{21}$。

这里的荷载可以是广义荷载，位移则是相应的广义位移。在一般情况下，定理中的两个广义位移的量纲可能是不相等的，但它们的影响系数在数值和量纲上仍然保持相等，以下同

**4. 线弹性体系的互等定理**

**反力互等定理** —— 任一线性变形体系中，由位移 $c_1$ 引起的与位移 $c_2$ 相应的反力影响系数 $r_{21}$ 等于由位移 $c_2$ 引起的与位移 $c_1$ 相应的反力影响系数 $r_{12}$，即 $r_{12} = r_{21}$

**位移反力互等定理** —— 在任一线性变形体系中，由位移 $c_2$ 引起的与荷载 $F_{P1}$ 对应的位移影响系数 $\delta'_{12}$，在绝对值上等于由荷载 $F_{P1}$ 引起的与位移 $c_2$ 相应的反力影响系数 $r'_{21}$，但两者差一个负号，即 $\delta'_{12} = -r'_{21}$

**互等定理应用条件**
- ① 材料处于弹性阶段，应力与应变成正比
- ② 结构变形很小

**注意** —— 位移互等定理、反力互等定理、位移反力互等定理都是由功的互等定理为基础导出的

**5. 各种定理公式适用范围**

**虚功原理** —— 虚功原理适用于任何类型的结构，并可以用于材料非线性和几何非线性问题，也就是说应用虚功原理时，不需要满足小变形的条件，也不需要满足线弹性的条件

**单位荷载法的原始表达式**

$$\Delta_K = \sum \int (\bar{F}_N \varepsilon + \bar{F}_Q \gamma_0 + \bar{M}_\kappa) \mathrm{d}s - \sum \bar{F}_R c$$

该表达式适用于小变形体系，也就是说该表达式不需要满足线弹性的条件

**单位荷载法的另一个表达式**

$$\Delta_K = \sum \int \frac{\bar{F}_N F_{NP}}{EA} \mathrm{d}s + \sum \int \frac{k \bar{F}_Q F_{QP}}{GA} \mathrm{d}s + \sum \int \frac{\bar{M} M_P}{EI} \mathrm{d}s$$

该表达式适用于线弹性、小变形体系

**互等定理** —— 适用于线弹性、小变形体系

**5. 各种定理公式适用范围**

**图乘法**
- ①杆件的轴线为直线
- ②杆件为等截面（即 $EI$ 为常数）
- ③ $\bar{M}$ 图和 $M_\mathrm{p}$ 图至少有一个是直线（竖标 $y_0$ 应取自直线弯矩图中）

**说明** — 本章各种定理公式等都适用于静定结构和超静定结构。以上各种定理公式等除了图乘法，都适用于曲杆结构，只有图乘法不能用于曲杆

# 第 5 章　力法

**力法**
- 1. 超静定结构总论
- 2. 力法的计算方法
- 3. 力法对称性
- 4. 支座位移、温度变化等作用下超静定结构的计算
- 5. 超静定结构的位移计算
- 6. 超静定结构内力计算的校核

**超静定结构的特性**

　①超静定结构的几何构造特征是有多余约束存在

　②超静定结构的基本静力特性：在外部作用下，超静定结构的反力和内力需同时运用静力平衡条件和变形协调条件才能求解，而满足上述两种条件的解答是唯一的

　③支座位移、温度变化、制造误差、材料收缩等因素都可以引起超静定结构的内力。但需注意，只有结构的位移或变形受到约束时，才产生内力，否则不产生

**1. 超静定结构总论**

**超静定结构的内力与刚度的关系**

　①超静定结构在荷载作用下的内力与各杆刚度的相对值有关，与各杆刚度的绝对值无关 [内力图中不含刚度 $EI$（或 $EA$）]。因此为了计算简便，可采用相对值

　②超静定结构在非荷载因素（如支座移动、温度改变、制造误差、材料收缩等）作用下，超静定结构的内力与刚度的绝对值有关 [内力图中含有 $EI$（或 $EA$）]

**超静定结构的位移和刚度的关系**

　①荷载作用下，超静定结构的位移和刚度的绝对值有关

　②非荷载因素下，超静定结构的位移和刚度的相对值有关

**力法基本结构** — 在力法中，一般将原超静定结构撤除多余约束后得到的静定结构称为力法基本结构

**力法基本未知量** — 多余约束中的未知力（多余约束力）为力法基本未知量

**力法方程** — 基本结构在外荷载和多余约束力共同作用下，在解除多余约束处的位移必须等于原结构在多余约束处的位移，根据这一位移相等的条件列方程，该方程称为力法方程。力法方程反映了变形协调条件

**超静定次数**

　概念：超静定结构中多余约束的数量即为超静定次数

　如何确定超静定次数：从原结构中不断地去掉多余约束，直到结构刚好变成静定结构，则去掉的多余约束的数量即为原结构的超静定次数

**1. 超静定结构总论**　超静定次数

从超静定结构上去除多余约束的方法：
①撤除支座处的一根支杆或切断一根链杆，相当于去除 1 个约束。
②撤除一个铰支座或撤除一个单铰，相当于去除 2 个约束。
③撤除一个固定支座或切断一根刚架杆件，相当于去除 3 个约束。
④将固定支座改为铰支座或滑动支座，或者在刚架杆件上插入一个铰，或是将铰支座或滑动支座改为单支杆支座，均相当于去除 1 个约束。
⑤去掉一个联结 $n$ 个杆件的铰结点，等于拆掉 2（$n-1$）个约束。
⑥去掉一个联结 $n$ 个杆件的刚结点，等于拆掉 3（$n-1$）个约束。
⑦只能拆掉原结构的多余约束，不能拆掉必要约束。
⑧只能在原结构中减少约束，不能增加新的约束

**2. 力法的计算方法**　力法典型方程

对于 $n$ 次超静定结构就有 $n$ 个多余约束，而每一个多余约束都对应一个未知约束力，同时又提供了一个变形条件，相应地，就可以建立 $n$ 个变形协调方程，从中就可解出 $n$ 个未知约束力。这 $n$ 个方程可写为

$$
\begin{cases}
\delta_{11}X_1 + \delta_{12}X_2 + \cdots + \delta_{1n}X_n + \Delta_{1P} = \Delta_1 \\
\delta_{21}X_1 + \delta_{22}X_2 + \cdots + \delta_{2n}X_n + \Delta_{2P} = \Delta_2 \\
\qquad\qquad\cdots\cdots \\
\delta_{n1}X_1 + \delta_{n2}X_2 + \cdots + \delta_{nn}X_n + \Delta_{nP} = \Delta_n
\end{cases}
\qquad ①
$$

式中，$\Delta_1$，$\Delta_2$，$\cdots$，$\Delta_n$ 是原结构在 1 处，2 处，$\cdots$，$n$ 处的位移。
当原结构在解除多余约束处的真实位移为零时，则有

$$
\begin{cases}
\delta_{11}X_1 + \delta_{12}X_2 + \cdots + \delta_{1n}X_n + \Delta_{1P} = 0 \\
\delta_{21}X_1 + \delta_{22}X_2 + \cdots + \delta_{2n}X_n + \Delta_{2P} = 0 \\
\qquad\qquad\cdots\cdots \\
\delta_{n1}X_1 + \delta_{n2}X_2 + \cdots + \delta_{nn}X_n + \Delta_{nP} = 0
\end{cases}
\qquad ②
$$

式②就是在荷载作用下 $n$ 次超静定结构力法方程的一般形式。无论结构是什么形式，基本结构如何选取，其力法方程的形式是不变的，故式①，式②常称为力法典型方程。力法方程的实质是一组变形协调方程

**2. 力法的计算方法**

**各种系数的含义**

①柔度系数：$\delta_{ij}$ 是由单位力 $X_j = 1$ 引起的沿 $X_i$ 方向的位移，常称为柔度系数。$\delta_{ij}$ 的下标符合前果后因的原则，也就是前面的下标表示结果，后面的下标表示原因，即 $\delta_{ij}$ 表示 $j$ 处的单位力在 $i$ 处所产生的位移。

②自由项：$\Delta_{iP}$ 是由荷载引起的沿 $X_i$ 方向的位移，称为自由项。$\Delta_{iP}$ 的下标也符合前果后因的原则，也就是前面的下标表示结果，后面的下标表示原因，即 $\Delta_{iP}$ 表示外荷载在 $i$ 处所产生的位移。

③$\Delta_i$ 是原结构在 $i$ 处的位移，当 $\Delta_i$ 与所设基本未知量的方向一致时为正，反之则为负。

④主系数：位于力法方程左上方 $\delta_{11}$ 至右下方 $\delta_{nn}$ 的一条主对角线上的系数 $\delta_{ii}$ 称为主系数。主系数 $\delta_{ii}$ 代表单位力 $X_i = 1$ 在 $X_i$ 自身方向上所引起的位移，它必定与该单位力的方向相一致，故主系数 $\delta_{ii}$ 是恒正的。

⑤副系数：主对角线两侧的其他系数 $\delta_{ij}$（$i \neq j$）称为副系数。副系数 $\delta_{ij}$（$i \neq j$）代表单位力 $X_j = 1$ 所引起的 $X_i$ 方向的位移，它可能与所设定的 $X_i$ 同向、反向或为零，所以副系数 $\delta_{ij}$（$i \neq j$）可能为正、为负或为零。根据位移互等定理，有

$$\delta_{ij} = \delta_{ji}$$

**如何求出超静定结构的内力？**

力法方程是一个线性代数方程组，求解这一个方程组可以得到全部基本未知量，亦即求得了全部多余约束力。此时，结构的内力一般可以根据平衡条件直接计算，也可依据叠加原理用下式计算：

$$\begin{cases} M = \bar{M}_1 X_1 + \bar{M}_2 X_2 + \cdots + \bar{M}_n X_n + M_P \\ F_Q = \bar{F}_{Q1} X_1 + \bar{F}_{Q2} X_2 + \cdots + \bar{F}_{Qn} X_n + F_{QP} \\ F_N = \bar{F}_{N1} X_1 + \bar{F}_{N2} X_2 + \cdots + \bar{F}_{Nn} X_n + F_{NP} \end{cases}$$

式中，$\bar{M}_i$，$\bar{F}_{Qi}$ 和 $\bar{F}_{Ni}$ 是基本结构由于 $X_i = 1$ 单独作用而产生的内力，$M_P$，$F_{QP}$ 和 $F_{NP}$ 是基本结构由于荷载作用而产生的内力

**2. 力法的计算方法**

**基本结构的选取技巧**

选取不同的基本结构时，超静定结构的求解步骤和最终结果虽然相同，但计算工作量有时差异很大。因此，有必要介绍一些选取基本结构的技巧。合理选取基本结构总的原则是使计算简便。技巧如下：

①对于梁和刚架结构来说，将刚结点改为铰结点，可以使 $\bar{M}_1$ 图、$\bar{M}_2$ 图和 $M_P$ 图画起来比较简单，系数的计算工作量也小些。

②若是对称结构，基本未知量数目较少时，一般宜选取对称的基本结构；基本未知量数目较多时，常常先取半结构，再求解。

③对于有弹簧的结构，去除多余约束时通常可将弹簧去掉，这样运算较为简单。

④力法的基本结构一般为静定结构，不能取几何可变体系作为力法的基本结构，但若能较容易地求出力法典型方程中的柔度系数和自由项，也可以选超静定结构作为基本结构

**用力法求解桁架结构**

①如果选取的基本体系是去掉二力杆的，则力法方程为 $\delta_{11}X_1+\Delta_{1P} = -(X_1 l)/EA$。（注意：这里是用具有一个多余未知力的结构举例子；$EA$ 表示去掉的二力杆的轴向刚度；$l$ 表示去掉的二力杆的长度。）

②如果选取的基本体系是没有去掉二力杆，只是将二力杆断开了一个小口的，则力法方程为 $\delta_{11}X_1+\Delta_{1P}=0$（注意：这里是用具有一个多余未知力的结构举例子）

**用力法求解带弹簧结构**

①如果选取的基本体系是去掉弹簧的，则力法方程为 $\delta_{11}X_1+\Delta_{1P}=-X_1/k$。（注意：这里是用具有一个多余未知力的结构举例子；$k$ 表示弹簧的刚度。）

②如果选取的基本体系是没有去掉弹簧的，而是去掉的其他多余约束，则力法方程为 $\delta_{11}X_1+\Delta_{1P}=0$（注意：这里是用具有一个多余未知力的结构举例子）

**重要结论1**

当单跨超静定梁忽略轴向变形时，轴力是没有唯一解答的，此时可不再将轴力作为多余未知力。当单跨超静定梁考虑轴向变形时，轴力等于0

**重要结论2**

在忽略轴向变形的前提条件下，集中力作用在没有线位移的结点上，结构中只有轴力，没有弯矩。应用该结论时的注意事项：

①注意忽略轴向变形这个前提条件。

②是集中力，不是集中力偶。如果是集中力偶，则结论不成立。

③线位移是指水平位移和竖向位移

对称结构在正对称荷载作用下，只有正对称内力，反对称内力等于零；只有正对称位移，反对称位移等于零

对称结构在反对称荷载作用下，只有反对称内力，正对称内力等于零；只有反对称位移，正对称位移等于零

**对称结构的受力与位移特点**

大部分的对称荷载都可以显而易见地看出是正对称荷载还是反对称荷载，以下为几个反对称荷载的例子

**3. 力法对称性**

关于对称性的基本知识

**什么是正对称荷载与反对称荷载？**

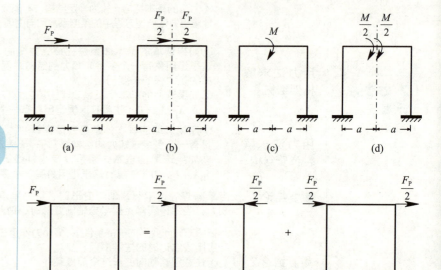

*A* 点的竖向位移分解后，可以看出该竖向位移是正对称的。

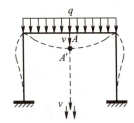

*A* 点的水平位移分解后，可以看出该水平位移是反对称的。

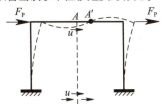

左边向上转，右边向上转，所以转角正对称。

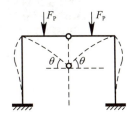

**3. 力法对称性**

关于对称性的基本知识

什么是正对称位移和反对称位移？

左边向下转，右边向上转，所以转角反对称。

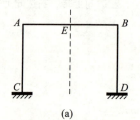

一些结论：

①当对称轴是竖直轴，和对称轴相交的结点是刚结点时，水平位移反对称，转角反对称，竖向位移正对称。

②当对称轴是竖直轴，和对称轴相交的结点是铰结点时，水平位移反对称，竖向位移正对称。转角可以是正对称，也可以是反对称，到底是正对称还是反对称，要看具体荷载

杆件与对称轴垂直时的情况。如图（a）所示结构，$E$ 结点为刚结点，刚结点可以传递轴力、剪力和弯矩。很明显，轴力正对称，剪力反对称，弯矩正对称

**3. 力法对称性**

关于对称性的基本知识

什么是正对称位移和反对称位移？

什么是正对称内力和反对称内力？

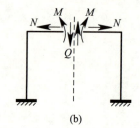

(a)

(b)

杆件与对称轴重合的情况。如图（a）所示，$EF$ 杆上的 $H$ 点为刚结点，刚结点可以传轴力、剪力和弯矩。将轴力、剪力和弯矩沿着对称轴分解，如图（c）所示，注意对称轴是竖直轴，不是水平轴。很明显，轴力正对称，剪力反对称，弯矩反对称

**关于对称性的基本知识**

**什么是正对称内力和反对称内力？**

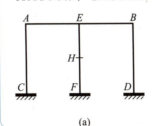

(a)

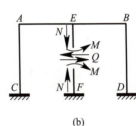

(b)

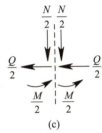

(c)

**3. 力法对称性**

**关于对称性的两个方面的利用**

关于对称性有两个方面的应用：第一个方面的应用是取力法基本结构时，直接取对称的基本结构，这样常常能达到解耦的目的（所谓解耦，是指副系数等于零，这样关于基本未知量的力法方程都是独立的方程，求解起来比较简单）；第二个方面的应用是取半结构，从而达到减少力法未知量的目的

**关于对称性的利用**

**如何取半结构？**

当结构对称，荷载正对称时，取正对称半结构；当结构对称，荷载反对称时，取反对称半结构

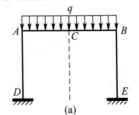

(a)

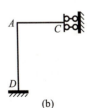

(b)

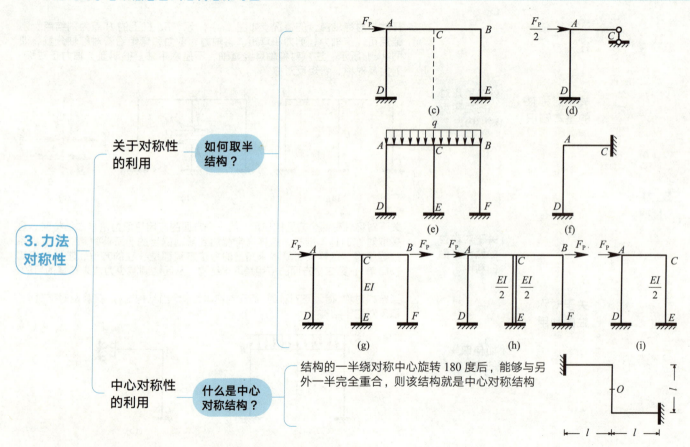

**3.力法对称性**

关于对称性的利用 — 如何取半结构？

中心对称性的利用 — 什么是中心对称结构？

结构的一半绕对称中心旋转180度后，能够与另外一半完全重合，则该结构就是中心对称结构

**3. 力法对称性** ── 中心对称性的利用

**关于中心对称结构的结论**

中心对称结构在中心正对称荷载的作用下，中心反对称的内力等于 0，中心正对称的内力不等于 0。中心对称结构在中心反对称荷载的作用下，中心正对称的内力等于 0，中心反对称的内力不等于 0

**什么是中心正对称荷载与中心反对称荷载？**

中心正对称荷载是指对称中心一侧的荷载绕对称中心转过 180 度后能够和另外一侧的荷载重合。
中心反对称荷载是指对称中心一侧的荷载绕对称中心转过 180 度后不能够和另外一侧的荷载重合，它与另外一侧的荷载方向刚好相反。
图（a）所示荷载即为中心正对称荷载，图（b）所示荷载即为中心反对称荷载

(a)　　　　　　(b)

**什么是中心正对称内力与中心反对称内力？**

中心正对称内力是指对称中心一侧的内力绕对称中心转过 180 度后，能够与另外一侧的内力重合。
中心反对称内力是指对称中心一侧的内力绕对称中心转过 180 度后，不能够和另外一侧的内力重合，它与另外一侧的内力方向刚好相反。
如图所示，轴力和剪力是中心正对称内力，弯矩是中心反对称内力

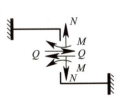

**3. 力法对称性** — 中心对称性的利用 — **关于中心对称性的利用的注意点** — 在利用中心对称性时，我们往往不会采用取半结构这种方式。如图所示，中心反对称荷载下，在对称中心处只有弯矩，没有一种支座形式只提供弯矩，那么对于中心反对称荷载，是取不出半结构的。所以对于中心对称结构，往往采用取中心对称的基本结构这种方式来利用对称性

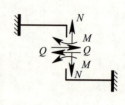

**4. 支座位移、温度变化等作用下超静定结构的计算**

— 超静定结构在支座位移下的内力计算 — 超静定结构在支座位移下的力法基本方程为 $\begin{cases} \delta_{11}X_1 + \delta_{12}X_2 + \Delta_{1c} = \Delta_1, \\ \delta_{21}X_1 + \delta_{22}X_2 + \Delta_{2c} = \Delta_2, \end{cases}$ 其中 $\Delta_1$ 和 $\Delta_2$ 表示原结构在 $X_1$ 处和 $X_2$ 处的位移，若 $\Delta_1$，$\Delta_2$ 与 $X_1$，$X_2$ 方向相同，则为正；方向相反，则为负。$\Delta_{1c}$ 与 $\Delta_{2c}$ 表示基本结构在支座位移的作用下，在 1 处和 2 处的位移。特别注意，在基本结构中有的支座已经被去掉了，那它对应的支座位移也没有了，所以 $\Delta_{1c}$ 与 $\Delta_{2c}$ 表示的是还剩下的支座位移在 1 处和 2 处产生的位移

— 超静定结构在温度变化下的内力计算 — 超静定结构在温度变化下的力法基本方程为 $\begin{cases} \delta_{11}X_1 + \delta_{12}X_2 + \Delta_{1t} = \Delta_1, \\ \delta_{21}X_1 + \delta_{22}X_2 + \Delta_{2t} = \Delta_2, \end{cases}$ 其中 $\Delta_1$ 和 $\Delta_2$ 表示原结构在 $X_1$ 处和 $X_2$ 处的位移，若 $\Delta_1$，$\Delta_2$ 与 $X_1$，$X_2$ 方向相同，则为正；方向相反，则为负。$\Delta_{1t}$ 与 $\Delta_{2t}$ 表示基本结构在温度变化的作用下在 1 处和 2 处产生的位移

— 超静定结构在制造误差下的内力计算 — 求解超静定结构在制造误差下的内力时，有两种取基本结构的方式：第一种是直接断开有制造误差的杆件；第二种是不断开有制造误差的杆件，而是取其他的多余约束作为力法的基本未知量

**5. 超静定结构的位移计算**

**超静定结构在荷载作用下的位移计算方法总结** —— 任取一个静定的基本结构，在所求位移点处加单位力，作出单位力下的弯矩图，与原超静定结构的弯矩图进行图乘，得到的结果即为超静定结构在所求点处的位移

**超静定结构在非荷载因素作用下的位移计算方法总结** —— 超静定结构在支座位移、温度变化等非荷载因素作用下的位移计算，同样可以在其相应的静定结构上建立虚拟的平衡状态，从而将问题转化为静定结构的位移计算。忽略杆件剪切变形影响时，位移计算公式为

$$\Delta = \sum \int \frac{\bar{M}M}{EI} \mathrm{d}s + \sum \int \frac{\bar{F}_\mathrm{N} F_\mathrm{N}}{EA} \mathrm{d}s + \sum \int \bar{M} \frac{\alpha \Delta t}{h} \mathrm{d}s + \sum \int \bar{F}_\mathrm{N} \alpha t_0 \mathrm{d}s - \sum \bar{F}_\mathrm{R} c$$

若是将虚拟的平衡状态建立在原结构上，则可以证明上式等号右边的前两项的值恒为零，位移计算公式可简化为

$$\Delta = \sum \int \bar{M} \frac{\alpha \Delta t}{h} \mathrm{d}s + \sum \int \bar{F}_\mathrm{N} \alpha t_0 \mathrm{d}s - \sum \bar{F}_\mathrm{R} c$$

**6. 超静定结构内力计算的校核**

**平衡条件的校核** —— 用力法来计算超静定结构内力，求解出基本未知量 $X_1$，$X_2$ 后，最终弯矩是 $X_1 \bar{M}_1 + X_2 \bar{M}_2 + M_\mathrm{P}$，只要 $\bar{M}_1$，$\bar{M}_2$ 及 $M_\mathrm{P}$ 满足平衡条件，则最终弯矩图一定满足平衡条件，而 $\bar{M}_1$，$\bar{M}_2$ 及 $M_\mathrm{P}$ 一般是静定结构的弯矩图，很容易检查出是否满足平衡条件，而平衡条件的校核并不能检查出 $X_1$，$X_2$ 的计算是否正确，因此还需对变形条件进行校核

**变形条件的校核** —— 变形条件的校核可以这样操作：计算某一点的位移，看该位移是否和原结构相符。若相符，则满足变形条件；若不相符，则不满足变形条件

**变形条件校核的小技巧** —— 对于具有封闭框格的刚架，最为简捷的校核方法是利用封闭框格上任一截面的相对转角为零这一变形条件来进行弯矩图的校核

# 第6章 位移法

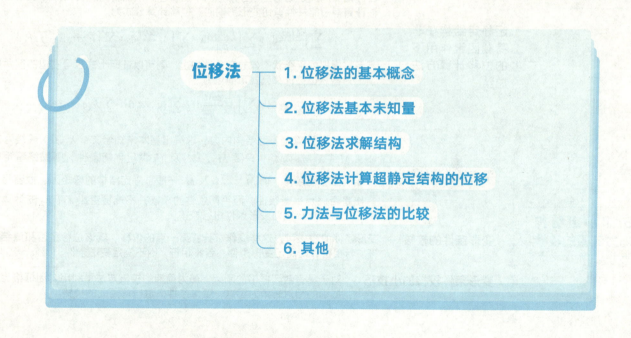

位移法
- 1. 位移法的基本概念
- 2. 位移法基本未知量
- 3. 位移法求解结构
- 4. 位移法计算超静定结构的位移
- 5. 力法与位移法的比较
- 6. 其他

基本概念 —— 力法以多余未知力作为基本未知量，位移法以结点位移作为基本未知量

三类基本杆
- ①两端固支杆
- ②一固一铰杆
- ③一固一滑杆

形常数与载常数的概念 —— 形常数和载常数的本质是三类基本杆在支座位移和荷载作用下的弯矩图和剪力图，是用力法求解出来的

形常数与载常数中相关量值的正负号规定
- ①杆端转角以顺时针方向转动为正
- ②杆端弯矩以顺时针方向为正
- ③杆端剪力以使杆件顺时针方向转动为正

弯曲线刚度的概念 —— $EI$ 为杆件的弯曲刚度，$i = EI/l$ 为杆件的弯曲线刚度

**1. 位移法的基本概念**

形常数

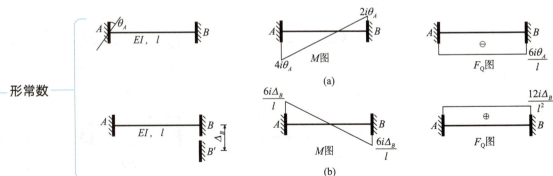

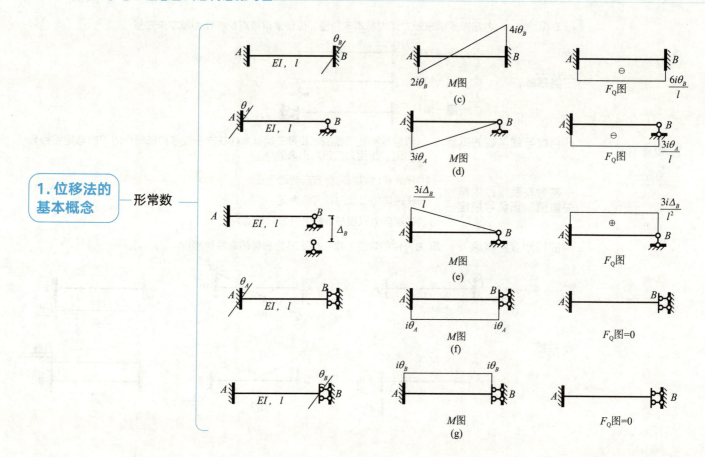

图（a），（c），（d），（h），（i）中，集中力和集中力偶都是作用在跨中的

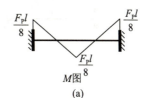

$M$图

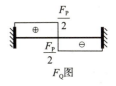

$F_Q$图

(a)

**1. 位移法的基本概念** —— 载常数

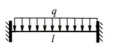

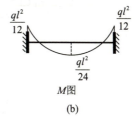

$M$图

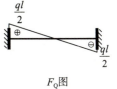

$F_Q$图

(b)

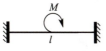

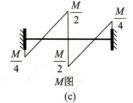

$M$图

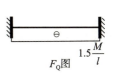

$F_Q$图

(c)

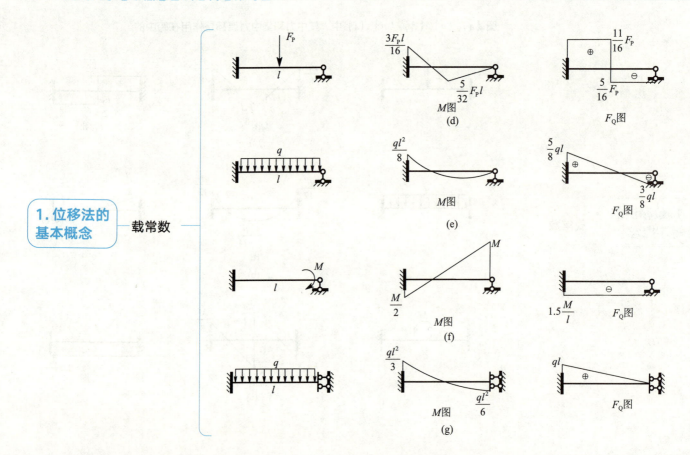

## 1. 位移法的基本概念

载常数

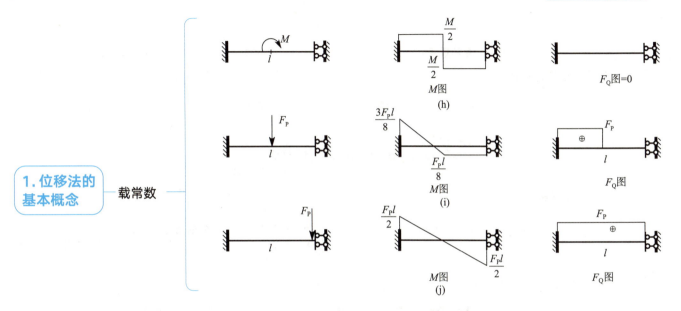

**1. 位移法的基本概念** — 载常数

**2. 位移法基本未知量**

如何判断位移法的基本未知量？ —— 加刚臂约束转角，加链杆约束线位移，直到所有的杆件都变成三类基本杆或静定杆，这个时候所加刚臂的数量即为独立角位移数量，所加链杆的数量即为独立线位移数量

位移法的基本结构 —— 加刚臂约束住所有独立角位移，加链杆约束住所有独立线位移后，所形成的结构即为位移法的基本结构

牵连位移的基本概念 —— **概念** 牵连位移是指两个结点位移之间不相互独立，它们之间存在一定的比例关系。一个结点位移为 0，则另外一个结点位移也一定为 0

**2. 位移法基本未知量**

牵连位移的基本概念

**存在牵连位移的原因** 牵连位移之所以存在，是因为有忽略弯曲变形或忽略轴向变形的假定，忽略弯曲变形即 $EI$ 等于无穷，忽略轴向变形即 $EA$ 等于无穷。$EI$ 等于无穷，也就是结构中存在无穷刚体杆，这往往会导致线位移与角位移的牵连。$EA$ 等于无穷，并且结构中还存在斜杆，这往往会导致线位移与线位移的牵连

**对 $EI=\infty$ 杆件的解释** 对于 $EI=\infty$ 的杆件，只能发生刚体位移，不能发生弯曲变形

**3. 位移法求解结构**

位移法方程

因实际结构不存在附加约束，所以当荷载和全部关键位移同时作用于基本结构时，各附加约束反力应都为零，据此可以写出位移法方程

$$\begin{cases} r_{11}Z_1 + r_{12}Z_2 + r_{13}Z_3 + R_{1P} = 0 \\ r_{21}Z_1 + r_{22}Z_2 + r_{23}Z_3 + R_{2P} = 0 \\ r_{31}Z_1 + r_{32}Z_2 + r_{33}Z_3 + R_{3P} = 0 \end{cases}$$

式中 $r_{ij}$ 表示 $Z_j=1$ 单独作用时在第 $i$ 个附加约束上产生的反力；$R_{iP}$ 称为自由项，它表示荷载单独作用时，在第 $i$ 个附加约束上产生的反力，故又称为荷载项。$r_{ij}$ 和 $R_{iP}$ 均取与所设关键位移 $Z_i$ 的方向一致为正，反之则为负

位移法方程的实质 —— 位移法方程的实质是一组平衡方程

位移法方程中的一些概念

**刚度系数** $r_{ij}$ 是由单位位移 $Z_j=1$ 引起的沿 $Z_i$ 方向的附加约束反力，常称为刚度系数。$r_{ij}$ 的下标符合前果后因的原则，也就是前面的下标表示结果，后面的下标表示原因，即 $r_{ij}$ 表示 $j$ 处的单位位移在 $i$ 处所产生的附加约束反力。当附加约束反力与所设未知量方向一致时为正，反之则为负

**自由项** $R_{iP}$ 是由荷载引起的沿 $Z_i$ 方向的附加约束反力，称为自由项。$R_{iP}$ 的下标也符合前果后因的原则，也就是前面的下标表示结果，后面的下标表示原因，即 $R_{iP}$ 表示外荷载在 $i$ 处所产生的附加约束反力。当附加约束反力与所设未知量方向一致时为正，反之则为负

**主系数** 位于方程左上方 $r_{11}$ 至右下方 $r_{nn}$ 的一条主对角线上的系数 $r_{ii}$ 称为主系数。主系数 $r_{ii}$ 代表由单位位移 $Z_i = 1$ 的作用所引起在 $Z_i$ 自身方向上的约束反力，它必定与该单位位移的方向一致，故是恒正的

**副系数** 主对角线两侧的其他系数 $r_{ij}(i \neq j)$ 称为副系数。副系数 $r_{ij}(i \neq j)$ 代表由单位位移 $Z_j = 1$ 的作用所引起的 $Z_i$ 方向的约束反力，它可以与所设定的 $Z_i$ 同向、反向，或者是无该项约束反力发生，所以它可能为正、为负或为零。根据反力互等定理，有 $r_{ij} = r_{ji}$

位移法方程中的一些概念

**矩阵形式的位移法方程**

$$rZ + R_P = 0$$

式中，$r$ 称为刚度矩阵，其矩阵元素由刚度系数项 $r_{ij}$ 构成，$r$ 为对称矩阵；$Z$ 为未知位移向量；$R_P$ 为荷载引起的附加约束力向量

**3. 位移法求解结构**

有剪力静定杆的刚架处理

**剪力静定杆的定义** 利用平衡条件可以直接求出剪力的杆件，称为剪力静定杆

**处理办法** 对于带有剪力静定杆的结构，可以不把线位移作为基本未知量，直接将剪力静定杆当作一固一滑杆进行处理

非荷载因素作用下的位移法计算

**支座位移作用下的位移法计算**

有两个基本未知量的结构，在支座位移下的位移法基本方程为 $\begin{cases} r_{11}Z_1 + r_{12}Z_2 + R_{1c} = 0, \\ r_{21}Z_1 + r_{22}Z_2 + R_{2c} = 0, \end{cases}$ 其中 $R_{1c}$ 与 $R_{2c}$ 表示支座位移在基本结构的附加约束中产生的约束反力

**温度变化作用下的位移法计算**

有两个基本未知量的结构，在温度变化下的位移法方程为 $\begin{cases} r_{11}Z_1 + r_{12}Z_2 + R_{1t} = 0, \\ r_{21}Z_1 + r_{22}Z_2 + R_{2t} = 0, \end{cases}$ 其中 $R_{1t}$ 与 $R_{2t}$

表示温度变化在基本结构的附加约束中产生的约束反力。

温度变化作用下附加约束中的约束反力可以分解成如下两部分：一部分是杆件轴线处的温度

变化 $t_0 \left( t_0 = \dfrac{t_1 + t_2}{2} \right)$，$t_0$ 会使杆件产生伸长或缩短，杆件长度发生变化后，会使杆端产生侧移，

进而产生内力，这一部分内力在附加约束中产生的约束反力为 $R'_{it}$；另一部分是杆件两侧表面温度变化的差值 $\Delta t$，温差会使杆件产生弯曲变形，进而产生弯矩，这一部分内力在附加约束中产生的约束反力为 $R''_{it}$

**3. 位移法求解结构** — 非荷载因素作用下的位移法计算

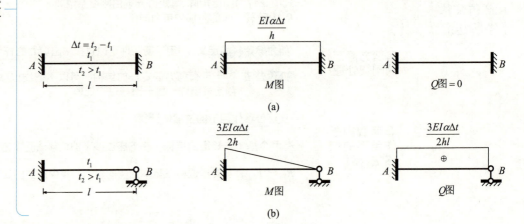

(a)

(b)

**3. 位移法求解结构** ── 非荷载因素作用下的位移法计算 ─

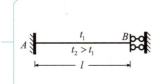

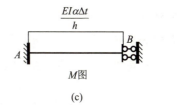

$M$图

(c)

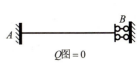

$Q$图 = 0

**4. 位移法计算超静定结构的位移** ── 两种情况 ── 求超静定结构的位移，既可以采用图乘法（即先作出结构的弯矩图，再假设虚单位力作出 $\bar{M}$ 图，最后两个弯矩图图乘），也可以采用位移法。采用位移法计算时所取的未知量就是结点位移。如果某道题用位移法求解较方便，且题目所求的位移恰好是用位移法计算时的基本未知量，就采用位移法。如果所求位移不是用位移法计算时的基本未知量（如非结点处的位移），可以采用图乘法

**5. 力法与位移法的比较**

相同之处 ── 两者都要考虑力系的平衡条件和结构的变形协调条件

不同之处 ──
①从基本未知量看，力法取的是力──多余未知力，位移法取的是位移──独立的结点位移。
②从基本体系看，力法是去约束，位移法是加约束。
③从基本方程看，力法是位移协调方程，方程的系数是位移，位移法方程是力系平衡方程，其系数是力。
④力法只能解超静定结构，位移法则通用于分析静定和超静定结构。
⑤力法的副系数相等由位移互等定理得到，位移法的副系数相等由反力互等定理得到

**6. 其他**

位移法基本方程右边项一定为零

位移法中以结点（或支座）的独立角位移和独立线位移为基本未知量进行结构计算

铰支座的角位移不作为位移法中的基本未知量，这是因为即使不取作未知量，依然可以从形常数表和载常数表中查到具有铰支座的单跨梁的弯矩图，故不必取作未知量，以减少计算工作量。定向支座的线位移不取作未知量也是一样的道理

**6. 其他**

用位移法求解结构时，其基本结构可以有很多种。位移法的适用范围很广，可解任意结构

位移法方程中主系数的计算理论依据是静力平衡方程

等截面直杆的转角位移方程表示杆端位移及（广义）外荷载与杆端力之间的关系

位移法是如何满足平衡条件和位移协调条件的：建立位移法方程时满足了平衡条件（位移法方程为受力平衡方程），选取未知量时满足了位移协调条件（例如，每个刚结点联结的所有杆件都用同一个角位移未知量表示）

# 第 7 章 弯矩分配法 & 剪力分配法 & 超静定影响线

弯矩分配法 &
剪力分配法 &
超静定影响线

— 1. 弯矩分配法

— 2. 剪力分配法

— 3. 超静定结构影响线

**1. 弯矩分配法**

- **弯矩分配法的适用范围** —— 适用于结点无线位移而仅有角位移的超静定梁和刚架的计算

- **弯矩分配法的精确度** —— 当结构仅有一个结点角位移未知量时，经一次弯矩分配即可获得精确解；当有多个角位移未知量时，一般经过不多的若干轮渐近运算，其结果便可以达到满足工程应用的精度要求

- **转动刚度**
  - **转动刚度的定义** 在弯矩分配法中，将使杆端产生单位转角所需施加的力矩，称为杆件的杆端转动刚度，以 $S$ 表示。它表示杆端对转动的抵抗能力，是杆件及相应支座组成的体系所具有的特性，因此，转动刚度的值与该杆远端、近端支承情况及杆件的线刚度都有关系
  - **转动刚度的求法** 使杆端产生单位转角，求杆端的弯矩，其本质是支座位移下超静定结构的弯矩求解

- **传递系数** —— 杆端产生单位转角后，远端弯矩与近端弯矩的比值称为杆件的弯矩传递系数，以 $C$ 表示

- **位移法中三类基本杆的转动刚度和传递系数**
  - 远端为固定端的两端固定杆，$S=4i$，$C=1/2$
  - 远端为铰的一固一铰杆，$S=3i$，$C=0$
  - 远端为滑动支座的一固一滑杆，$S=i$，$C=-1$

- **正、负号规定** —— 杆端弯矩和转角以顺时针方向为正，反之则为负

- **分配弯矩，传递弯矩，弯矩分配系数** —— 若如下页图所示有数个杆件与同一结点 $A$ 刚性联结，当刚结点上有外力矩 $M$ 作用（见下页图）时，各近端弯矩 $M_{Aj}$ 可以表达为一个固定的系数 $\mu_{Aj}$ 与 $M$ 的乘积，即有

  $$M_{Aj} = \mu_{Aj}M$$

  式中，$M_{Aj}$ 称为分配弯矩；$j$ 称为杆件远端的代号；$\mu_{Aj}$ 称为弯矩分配系数，它代表某一分配弯矩所占的比重，其数值与外力矩 $M$ 的大小无关。

$$\mu_{Aj} = \frac{S_{Aj}}{\sum\limits_A S}$$

式中，$S_{Aj}$ 表示其中某一杆件在 $A$ 端的转动刚度；$\sum\limits_A S$ 表示各杆件在 $A$ 端转动刚度的总和。由上式可看出，同一结点处各杆端弯矩的分配系数之和等于 1，即有

$$\sum \mu_{Aj} = 1$$

对于任一杆件 $Aj$，在 $A$ 端施加力矩时的弯矩传递系数可表示为

$$C_{Aj} = \frac{M_{jA}}{M_{Aj}}$$

于是，有

$$M_{jA} = C_{Aj}M_{Aj}$$

式中，$M_{jA}$ 称为传递弯矩，表示由近端弯矩所引起的远端弯矩

**1. 弯矩分配法** ── 分配弯矩，传递弯矩，弯矩分配系数

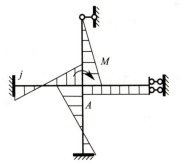

**1. 弯矩分配法**

　　**注意**

- 用弯矩分配法对结构计算时，若计算过程中有错误，结果不能满足平衡条件，因此计算结果是否正确可以判别

- 弯矩分配法的计算结果有时是精确的，有时是近似的，当只有一个未知量时结果是精确的，有多个未知量时是近似的

- 弯矩分配法经过几轮循环终止时，应终止于分配弯矩，不应再往相邻的结点传递，否则会造成相邻结点的弯矩不平衡，但可以往相邻的支座传递

- 在弯矩分配法中，刚结点处各杆端力矩分配系数与该杆端转动刚度（或劲度系数）成正比

- 弯矩分配法计算的直接结果是杆端弯矩

- 弯矩分配法中的分配系数 $\mu$、传递系数 $C$ 与外来因素（荷载、温度变化等）均无关

- 弯矩分配法经一个循环计算后，分配过程中的不平衡力矩（约束力矩）是传递弯矩的代数和

- 用弯矩分配法计算时，放松结点顺序对结果无影响，对计算有影响

　　**无剪力分配法** —— 无剪力分配法适用于刚架中除两端无相对线位移的杆件外，其余杆件都是剪力静定的情况，也可以表述成两端有相对线位移的杆都是剪力静定的。无剪力分配法的基本原理与弯矩分配法相同，都属于渐近法

**2. 剪力分配法**

　　**剪力分配法的适用范围** —— 适用于只有线位移没有角位移的结构

　　**剪切刚度（抗侧刚度）**

- **定义** 杆件的剪切刚度，是指使它两端发生单位相对侧移时所需的侧向力，可记为 $k$

- **求法** 使杆端产生单位 1 的相对位移，求杆端弯矩，再求杆端剪力，其本质是支座位移下超静定结构的弯矩求解

**2. 剪力分配法** — 位移法中三类基本杆的抗侧刚度

① 两端固定：$k = \dfrac{12EI}{l^3} = \dfrac{12i}{l^2}$。

② 一端固定另一端铰支：$k = \dfrac{3EI}{l^3} = \dfrac{3i}{l^2}$。

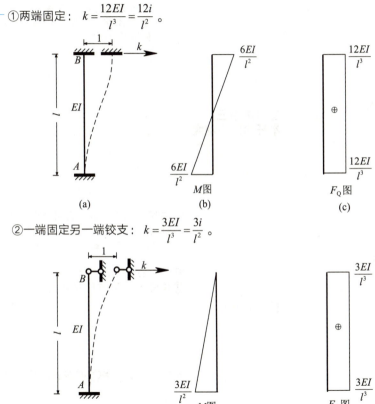

③一端固定另一端滑动。

由于 $A$ 端发生单位位移，$B$ 端可以直接滑动过来，是刚体位移，弯矩为零，抗侧刚度为零

**位移法中三类基本杆的抗侧刚度**

**2. 剪力分配法**

**杆件的并联**

①并联的基本特征：各杆件两端的相对侧移相同，总剪力等于各杆剪力之和（均指绝对值）。

②杆件并联后的剪切刚度就等于各杆剪切刚度的总和，即有 $k_{并} = k_a + k_b + \cdots = \sum\limits_{j} k_j$，

杆件并联后形成的合成杆的刚度大于任何一个杆的刚度。

③并联杆中任一杆 $i$ 的剪力为

$$F_{Qi} = \frac{k_i}{\sum\limits_{j} k_j} \times F_P = \gamma_i \times F_P$$

式中 $\gamma_i = \dfrac{k_i}{\sum\limits_{j} k_j}$ 称为并联杆的剪力分配系数，即并联的各杆件按各自的抗侧刚度分配总剪力。

**2. 剪力分配法** —— **杆件的串联**

①串联的基本特征：各杆件承受的剪力相同，总侧移等于各杆两端相对侧移之和（均指绝对值）。
②杆件串联后形成的合成杆的抗侧刚度为

$$k_{串} = \cfrac{1}{\cfrac{1}{k_a} + \cfrac{1}{k_b} + \cdots} = \cfrac{1}{\sum\limits_j \cfrac{1}{k_j}}$$

杆件串联后形成的合成杆的刚度小于任何一个杆的刚度

**3. 超静定结构影响线**

**静力法和机动法**

（1）绘制超静定结构力影响线的方法，对应于静定结构的静力法和机动法，分别是：①列静力方程；②根据挠曲线的大致形状绘制影响线。静力法要多次求解超静定问题，工作量很大，当只需要影响线的轮廓时，用第二种方法比较方便。
（2）用机动法作超静定结构力的影响线，与静定结构的机动法类似，具体步骤是：去掉与某量值相应的约束，代以未知量，结构在该量值作用下产生的位移图曲线就是该量值影响线的轮廓。注意：静定结构的机动法位移图是虚设位移，与荷载无关，是体系缺少约束造成的，但超静定结构的位移图不是虚设位移，是真正由未知力引起的

**静定结构和超静定结构力的影响线的区别**

静定结构力的影响线是直线或折线，超静定结构力的影响线一般是曲线（特殊部位也可能是直线，如超静定结构中静定的附属部分）

**超静定结构的影响线的应用：求活荷载的最不利分布**

（1）利用影响线可方便地确定使某一量值 $S$ 达到最大值的最不利均布活载的分布。确定最不利均布活载分布的原则与在静定结构中相同，即当均布活载布满相应影响线的正号区时，$S$ 即取得最大正值；反之，当均布活载布满相应影响线的负号区时，$S$ 即取得最大负值。
（2）①求支座截面产生最大负弯矩时，在支座两个临跨布置活荷载，并隔跨布置活荷载；②求跨中截面最大正弯矩时，在本跨布置活荷载，然后隔跨布置活荷载

# 🔧 第8章 矩阵位移法

**矩阵位移法**
- 1. 基本原理 & 基本概念
- 2. 单元刚度矩阵
- 3. 直接刚度法
- 4. 求综合结点荷载向量
- 5. 求单元最后杆端力
- 6. 不同坐标系的单元刚度
- 7. 弹性支座
- 8. 重要结论

**什么是矩阵位移法？** —— 结构矩阵分析是采用矩阵方法分析结构力学问题的一种方法。矩阵位移法是结构力学中的位移法加上矩阵方法

**基本未知量**
- 矩阵位移法的基本未知量是结点位移——结点线位移和角位移。但由于有时考虑杆件的轴向变形，且把杆件端部的转角等也作为基本未知量，因此，基本未知量数目比传统位移法的基本未知量数目多一些
- 桁架结构中每个铰结点有两个线位移；每个刚结点有两个线位移，一个转角位移

**矩阵位移法和位移法的区别**
- 计算时考虑刚架杆件轴向变形的影响
- 所有杆件（包括静定杆件）均为两端固定杆件

**单元与结点**
- 杆系结构中的每根杆件可以离散为一个单元或几个单元。通常采用等截面直杆作为单元。划分单元的结点应该是结构杆件的转折点、汇交点、支承点和截面突变点
- 结点和单元的编号顺序是任意的
- 单元即为杆件，单元联结组装成结构

**整体坐标系**
- 整体坐标系即为结构坐标系，结构坐标系是指对整个结构建立的坐标系，是为研究结构的几何条件和平衡条件而选定的

**1. 基本原理 & 基本概念**

**1. 基本原理 & 基本概念**

位移与荷载的关系及各种刚度

**单元刚度和结构刚度都采用矩阵表达**
- 单元刚度矩阵
- 结构刚度矩阵

**单元刚度矩阵**

单元刚度矩阵表示单元的杆端力与杆端位移之间的关系

$$F^e = k^e \Delta^e \begin{cases} k^e：单元刚度矩阵 \\ \Delta^e：单元两端的结点位移向量 \\ F^e：单元两端的杆端力向量 \end{cases}$$

**总刚度矩阵**

总刚度矩阵表示未考虑支座约束前，结点力与结点位移之间的关系

$$F^0 = K^0 \Delta^0 \begin{cases} K^0：总刚度矩阵 \\ \Delta^0：总结点位移向量 \\ F^0：总结点力向量 \end{cases}$$

**实际刚度矩阵** 在总刚度矩阵基础上，引入支座位移，可以得到实际刚度矩阵 $F = K\Delta$

矩阵位移法的基本思路

①先把结构离散成单元，进行单元分析，建立单元杆端力与杆端位移之间的关系；②在单元分析的基础上，考虑结构的几何条件和平衡条件，将这些离散单元组合成原来的结构，进行整体分析，建立结构的结点力与结点位移之间的关系，即结构的整体刚度方程，进而求解结构的结点位移和单元杆端力。在从单元分析到整体分析的计算过程中，全部采用矩阵运算

**1. 基本原理 & 基本概念**

**矩阵位移法的基本步骤**

①结构标识：结点、单元编号和坐标系的设定

②计算各单元刚度矩阵 $\boldsymbol{k}^e$

③形成总刚度矩阵 $\boldsymbol{K}^0$ 和总刚度方程 $\boldsymbol{K}^0\boldsymbol{\Delta}^0 = \boldsymbol{F}^0$

④引入位移边界条件，形成结构刚度矩阵 $\boldsymbol{K}$ 和实际刚度方程 $\boldsymbol{K}\boldsymbol{\Delta} = \boldsymbol{F}$

⑤求 $\boldsymbol{\Delta}$

⑥计算各单元杆端力和支座反力

**先处理法和后处理法**

**后处理法** 支座位移边界条件是在总刚度方程形成后引入的

**先处理法** 形成单元刚度矩阵时，就将实际的位移边界条件以及位移相关关系考虑进去，再直接形成实际刚度方程

**2. 单元刚度矩阵**

**桁架单元刚度矩阵**

**局部坐标系下单元刚度矩阵**

①$\alpha$ 角：由整体坐标系的 $x$ 轴转向局部坐标系的 $\bar{x}$ 轴所转过的角度。若整体坐标系为逆时针坐标系，则 $\alpha$ 角以逆时针为正。若整体坐标系为顺时针坐标系，则 $\alpha$ 角以顺时针为正。

②局部坐标系下的杆端位移和杆端力：局部坐标系下的杆端位移和杆端力以与局部坐标系方向相同为正，方向相反为负。局部坐标系下的杆端位移和杆端力如下。

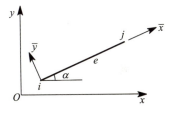

$$\bar{\boldsymbol{\Delta}}^e = \begin{pmatrix} \bar{\boldsymbol{\Delta}}_i \\ \bar{\boldsymbol{\Delta}}_j \end{pmatrix}^e = \begin{pmatrix} \bar{u}_i \\ \bar{v}_i \\ \bar{u}_j \\ \bar{v}_j \end{pmatrix}^e, \quad \bar{\boldsymbol{F}}^e = \begin{pmatrix} \bar{\boldsymbol{F}}_i \\ \bar{\boldsymbol{F}}_j \end{pmatrix}^e = \begin{pmatrix} \bar{F}_{xi} \\ \bar{F}_{yi} \\ \bar{F}_{xj} \\ \bar{F}_{yj} \end{pmatrix}^e$$

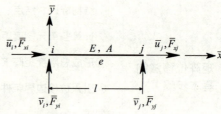

③局部坐标系下的单元刚度方程。

$$
\begin{pmatrix} \overline{F}_{xi} \\ \overline{F}_{yi} \\ \overline{F}_{xj} \\ \overline{F}_{yj} \end{pmatrix}^e = \begin{pmatrix} \dfrac{EA}{l} & 0 & -\dfrac{EA}{l} & 0 \\ 0 & 0 & 0 & 0 \\ -\dfrac{EA}{l} & 0 & \dfrac{EA}{l} & 0 \\ 0 & 0 & 0 & 0 \end{pmatrix}^e \begin{pmatrix} \overline{u}_i \\ \overline{v}_i \\ \overline{u}_j \\ \overline{v}_j \end{pmatrix}^e
$$

**2. 单元刚度矩阵** —— 桁架单元刚度矩阵

简洁表达式为 $\overline{F}^e = \overline{k}^e \cdot \overline{\Delta}^e$。

④局部坐标系下的单元刚度矩阵。

$$
\overline{k}^e = \begin{pmatrix} \dfrac{EA}{l} & 0 & -\dfrac{EA}{l} & 0 \\ 0 & 0 & 0 & 0 \\ -\dfrac{EA}{l} & 0 & \dfrac{EA}{l} & 0 \\ 0 & 0 & 0 & 0 \end{pmatrix}^e
$$

**整体坐标系下单元刚度矩阵**

①整体坐标系下的杆端位移和杆端力：整体坐标系下的杆端位移和杆端力以与整体坐标系方向相同为正，方向相反为负。整体坐标系下的杆端位移和杆端力如下。

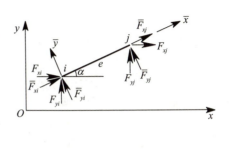

$$\varDelta^e = \begin{pmatrix} \varDelta_i \\ \varDelta_j \end{pmatrix}^e = \begin{pmatrix} u_i \\ v_i \\ u_j \\ v_j \end{pmatrix}^e, \quad \boldsymbol{F}^e = \begin{pmatrix} \boldsymbol{F}_i \\ \boldsymbol{F}_j \end{pmatrix}^e = \begin{pmatrix} F_{xi} \\ F_{yi} \\ F_{xj} \\ F_{yj} \end{pmatrix}^e$$

②整体坐标系下的杆端位移和杆端力与局部坐标系下的杆端位移和杆端力的关系。

$$\begin{pmatrix} \bar{F}_{xi} \\ \bar{F}_{yi} \\ \bar{F}_{xj} \\ \bar{F}_{yj} \end{pmatrix}^e = \begin{pmatrix} \cos\alpha & \sin\alpha & 0 & 0 \\ -\sin\alpha & \cos\alpha & 0 & 0 \\ 0 & 0 & \cos\alpha & \sin\alpha \\ 0 & 0 & -\sin\alpha & \cos\alpha \end{pmatrix} \begin{pmatrix} F_{xi} \\ F_{yi} \\ F_{xj} \\ F_{yj} \end{pmatrix}^e, \quad \text{即 } \bar{\boldsymbol{F}}^e = \boldsymbol{T} \cdot \boldsymbol{F}^e$$

$$\begin{pmatrix} \bar{u}_i \\ \bar{v}_i \\ \bar{u}_j \\ \bar{v}_j \end{pmatrix}^e = \begin{pmatrix} \cos\alpha & \sin\alpha & 0 & 0 \\ -\sin\alpha & \cos\alpha & 0 & 0 \\ 0 & 0 & \cos\alpha & \sin\alpha \\ 0 & 0 & -\sin\alpha & \cos\alpha \end{pmatrix} \begin{pmatrix} u_i \\ v_i \\ u_j \\ v_j \end{pmatrix}^e, \quad \text{即 } \bar{\varDelta}^e = \boldsymbol{T} \cdot \varDelta^e$$

③坐标转换矩阵。
坐标转换矩阵是正交矩阵。

**2. 单元刚度矩阵**　桁架单元刚度矩阵

$$T = \begin{pmatrix} \cos\alpha & \sin\alpha & 0 & 0 \\ -\sin\alpha & \cos\alpha & 0 & 0 \\ 0 & 0 & \cos\alpha & \sin\alpha \\ 0 & 0 & -\sin\alpha & \cos\alpha \end{pmatrix}$$

**桁架单元刚度矩阵**

④整体坐标系下的单元刚度矩阵。

将 $\bar{\Delta}^e = T \cdot \Delta^e$，$\bar{F}^e = T \cdot F^e$ 两个式子代入 $\bar{F}^e = \bar{k}^e \cdot \bar{\Delta}^e$ 中，可得 $TF^e = \bar{k}^e \cdot T\Delta^e$，所以 $F^e = T^{\mathrm{T}} \bar{k}^e \cdot T\Delta^e$，且 $F^e = k^e \Delta^e$。所以 $k^e = T^{\mathrm{T}} \bar{k}^e \cdot T$。

直接记住转换后的整体坐标系下的单元刚度矩阵，如下所示，$c = \cos\alpha$，$s = \sin\alpha$。

$$k^e = \frac{EA}{l} \begin{pmatrix} c^2 & sc & -c^2 & -sc \\ sc & s^2 & -sc & -s^2 \\ -c^2 & -sc & c^2 & sc \\ -sc & -s^2 & sc & s^2 \end{pmatrix}^e$$

## 2. 单元刚度矩阵

**刚架单元刚度矩阵**

**局部坐标系下单元刚度矩阵**

①局部坐标系下的杆端位移和杆端力：局部坐标系下的杆端位移和杆端力以与局部坐标系方向相同为正，方向相反为负。局部坐标系下的杆端位移和杆端力如下。

$$\bar{\Delta}^e = \left(\frac{\bar{\Delta}_i}{\bar{\Delta}_j}\right)^e = \begin{pmatrix} \bar{u}_i \\ \bar{v}_i \\ \bar{\theta}_i \\ \bar{u}_j \\ \bar{v}_j \\ \bar{\theta}_j \end{pmatrix}^e, \bar{F}^e = \left(\frac{\bar{F}_i}{\bar{F}_j}\right)^e = \begin{pmatrix} \bar{F}_{xi} \\ \bar{F}_{yi} \\ \bar{M}_i \\ \bar{F}_{xj} \\ \bar{F}_{yj} \\ \bar{M}_j \end{pmatrix}^e$$

②局部坐标系下的单元刚度方程。

$$\begin{pmatrix} \overline{F}_{xi} \\ \overline{F}_{yi} \\ \overline{M}_i \\ \overline{F}_{xj} \\ \overline{F}_{yj} \\ \overline{M}_j \end{pmatrix}^e = \begin{pmatrix} \dfrac{EA}{l} & 0 & 0 & -\dfrac{EA}{l} & 0 & 0 \\[2mm] 0 & \dfrac{12EI}{l^3} & \dfrac{6EI}{l^2} & 0 & -\dfrac{12EI}{l^3} & \dfrac{6EI}{l^2} \\[2mm] 0 & \dfrac{6EI}{l^2} & \dfrac{4EI}{l} & 0 & -\dfrac{6EI}{l^2} & \dfrac{2EI}{l} \\[2mm] -\dfrac{EA}{l} & 0 & 0 & \dfrac{EA}{l} & 0 & 0 \\[2mm] 0 & -\dfrac{12EI}{l^3} & -\dfrac{6EI}{l^2} & 0 & \dfrac{12EI}{l^3} & -\dfrac{6EI}{l^2} \\[2mm] 0 & \dfrac{6EI}{l^2} & \dfrac{2EI}{l} & 0 & -\dfrac{6EI}{l^2} & \dfrac{4EI}{l} \end{pmatrix}^e \begin{pmatrix} \overline{u}_i \\ \overline{v}_i \\ \overline{\theta}_i \\ \overline{u}_j \\ \overline{v}_j \\ \overline{\theta}_j \end{pmatrix}^e$$

**2. 单元刚度矩阵**　刚架单元刚度矩阵

简洁表达式为 $\overline{F}^e = \overline{k}^e \cdot \overline{\Delta}^e$。

③局部坐标系下的单元刚度矩阵。

$$\overline{k}^e = \begin{pmatrix} \dfrac{EA}{l} & 0 & 0 & -\dfrac{EA}{l} & 0 & 0 \\[2mm] 0 & \dfrac{12EI}{l^3} & \dfrac{6EI}{l^2} & 0 & -\dfrac{12EI}{l^3} & \dfrac{6EI}{l^2} \\[2mm] 0 & \dfrac{6EI}{l^2} & \dfrac{4EI}{l} & 0 & -\dfrac{6EI}{l^2} & \dfrac{2EI}{l} \\[2mm] -\dfrac{EA}{l} & 0 & 0 & \dfrac{EA}{l} & 0 & 0 \\[2mm] 0 & -\dfrac{12EI}{l^3} & -\dfrac{6EI}{l^2} & 0 & \dfrac{12EI}{l^3} & -\dfrac{6EI}{l^2} \\[2mm] 0 & \dfrac{6EI}{l^2} & \dfrac{2EI}{l} & 0 & -\dfrac{6EI}{l^2} & \dfrac{4EI}{l} \end{pmatrix}^e$$

**2. 单元刚度矩阵**

刚架单元刚度矩阵

**整体坐标系下单元刚度矩阵**

①整体坐标系下的杆端位移和杆端力。

整体坐标系下的杆端位移和杆端力以与整体坐标系方向相同为正，方向相反为负。整体坐标系下的杆端位移和杆端力如下。

$$\Delta^e = \begin{pmatrix} \Delta_i \\ \Delta_j \end{pmatrix}^e = \begin{pmatrix} u_i \\ v_i \\ \theta_i \\ u_j \\ v_j \\ \theta_j \end{pmatrix}^e , \quad F^e = \begin{pmatrix} F_i \\ F_j \end{pmatrix}^e = \begin{pmatrix} F_{xi} \\ F_{yi} \\ M_i \\ F_{xj} \\ F_{yj} \\ M_j \end{pmatrix}^e$$

②坐标转换矩阵。

坐标转换矩阵是正交矩阵，和桁架单元的转换矩阵类似。

$$T = \begin{pmatrix} \cos\alpha & \sin\alpha & 0 & 0 & 0 & 0 \\ -\sin\alpha & \cos\alpha & 0 & 0 & 0 & 0 \\ 0 & 0 & 1 & 0 & 0 & 0 \\ 0 & 0 & 0 & \cos\alpha & \sin\alpha & 0 \\ 0 & 0 & 0 & -\sin\alpha & \cos\alpha & 0 \\ 0 & 0 & 0 & 0 & 0 & 1 \end{pmatrix}$$

③整体坐标系下的单元刚度矩阵。

直接记住转换后的整体坐标系下的单元刚度矩阵。

$$\boldsymbol{k}^e = \begin{pmatrix} a_1 & a_2 & a_4 & -a_1 & -a_2 & a_4 \\ a_2 & a_3 & a_5 & -a_2 & -a_3 & a_5 \\ a_4 & a_5 & a_6 & -a_4 & -a_5 & a_6/2 \\ -a_1 & -a_2 & -a_4 & a_1 & a_2 & -a_4 \\ -a_2 & -a_3 & -a_5 & a_2 & a_3 & -a_5 \\ a_4 & a_5 & a_6/2 & -a_4 & -a_5 & a_6 \end{pmatrix}$$

**2. 单元刚度矩阵**

刚架单元刚度矩阵 ——— 其中，

$$a_1 = \frac{EA}{l}\cos^2\alpha + \frac{12EI}{l^3}\sin^2\alpha$$

$$a_2 = \left(\frac{EA}{l} - \frac{12EI}{l^3}\right)\cos\alpha\sin\alpha$$

$$a_3 = \frac{EA}{l}\sin^2\alpha + \frac{12EI}{l^3}\cos^2\alpha$$

$$a_4 = -\frac{6EI}{l^2}\sin\alpha$$

$$a_5 = \frac{6EI}{l^2}\cos\alpha$$

$$a_6 = \frac{4EI}{l}$$

单元刚度矩阵的性质与特点 ——— ①单元刚度矩阵中各元素的物理意义。$k_{12}$ 表示 2 处发生单位位移而其余的杆端位移均保持为零时，在 1 处产生的杆端力的值。根据反力互等定理可知 $k_{12} = k_{21}$。$k_{22}$ 是主系数，大于 0

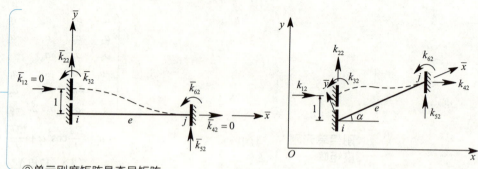

**2. 单元刚度矩阵**

单元刚度矩阵的性质与特点

②单元刚度矩阵是奇异矩阵。
单元刚度矩阵是奇异矩阵，即由杆端位移可以唯一确定杆端力，但是不能由杆端力唯一确定杆端位移

补充

单元坐标系是指单独考查某一离散单元时，为该单元建立的坐标系。单元坐标系的原点设置在单元的始结点，以单元的轴线作为单元坐标系的 $x$ 轴，以始点到终点的方向作为轴的正向

单元刚度方程和单元刚度矩阵。
单元刚度方程为单元的杆端力与杆端位移之间的关系式。单元刚度矩阵是描述杆端力与杆端位移之间关系的系数矩阵，其行数为杆端力分量数，列数为杆端位移分量数。具有如下性质：
①单元刚度矩阵是对称矩阵。
②单元刚度矩阵是奇异矩阵（即不存在逆矩阵），不能由杆端力求杆端位移。
③单元刚度矩阵中元素的意义如下：第 $i$ 行元素的意义是当 6 个杆端位移分量分别等于 1 时引起的第 $i$ 个杆端力分量的值；第 $j$ 列元素的意义是当第 $j$ 个杆端位移分量等于 1 时引起的 6 个杆端力分量的值

坐标转换是把沿单元坐标系方向的有关量（杆端力、杆端位移等）转换到沿整体坐标系方向的过程。坐标转换的方法是在两种坐标系的物理量之间引入坐标转换矩阵 $T$

**2. 单元刚度矩阵**

**补充**

结构原始刚度矩阵中，元素 $K_{45}$ 的物理意义是当第 5 个结点位移分量为 1，而其他结点位移分量为 0 时产生的第 4 个结点力

原始刚度矩阵是后处理法中未经边界条件处理的刚度矩阵，具有奇异性，而缩减后的总刚度矩阵是进行边界条件处理以后的刚度矩阵，不具有奇异性。两者都具备对称性

**3. 直接刚度法**

**后处理法**

①对结点位移进行编码：对结点位移进行编码时，按照整体坐标系进行编码

②写出单元定位向量和整体坐标系下的单元刚度矩阵：单元定位向量即为每个单元杆端位移的编码

③按照单元定位向量对号入座排入总体刚度矩阵：类似用电影票找电影院座位，单元定位向量相当于电影票上的号码，总体刚度矩阵中的元素位相当于电影院座位

④处理支座边界条件，形成实际刚度矩阵：对于为 0 的结点位移，划掉总体刚度矩阵中对应的行和列，得到实际刚度矩阵

**先处理法**

①对结点位移进行编码：对结点位移进行编码时，按照整体坐标系进行编码。编码时，就需要考虑支座位移和忽略轴向变形的条件。结点位移如果是 0 的话，直接编码为 0。大小和方向均为相等的两个结点位移，编同一个码

②写出单元定位向量和整体坐标系下的单元刚度矩阵：单元定位向量即为每个单元杆端位移的编码。处理整体坐标系下的单元刚度矩阵，对于为 0 的结点位移，直接划掉单元刚度矩阵中对应的行和列，得到缩减后的实际刚度矩阵

③按照单元定位向量对号入座，排入实际刚度矩阵：类似用电影票找电影院座位，单元定位向量相当于电影票上的号码，实际刚度矩阵中的元素位相当于电影院座位。由于之前的单元刚度矩阵都是缩减后的，所以直接就得到了实际刚度矩阵

**3. 直接刚度法**

**直接刚度法的概念** —— 所谓的直接刚度法，就是指对号入座，同座元素直接相加，得到总刚度矩阵或者实际刚度矩阵

**单元定位向量** —— 按单元连接结点编号顺序由结点位移编号组成的向量

**整体刚度方程和整体刚度矩阵的性质和特点**

整体刚度方程为整体结构的结点荷载与结点位移之间的关系式，是结构应满足的平衡条件。无论何种结构，其整体刚度方程都具有统一的形式，即 $K\Delta = P$，式中 $K$ 为整体刚度矩阵；$\Delta$ 为结构的结点位移列向量；$P$ 为结点力列向量。整体刚度矩阵 $K$ 反映了整个结构的刚度，是描述结点力与结点位移之间关系的系数矩阵。整体刚度矩阵的性质与特点：
①元素区 $K_{ij}$ 的物理意义为当第 $j$ 个结点位移 $\Delta_j = 1$，而其他结点位移分量为零时产生的第 $i$ 个结点力。
②整体刚度矩阵为对称矩阵。
③整体刚度矩阵为稀疏矩阵和带状矩阵。越是大型结构，带状分布规律就越明显。
④考虑约束条件后的整体刚度矩阵是可逆矩阵（或非奇异阵）。
⑤整体刚度矩阵对角元素都大于零

**4. 求综合结点荷载向量**

**方法（一）**

方法（一）是直接将结点荷载化为等效结点荷载。等效的原则是结点位移等效。
方法（一）的适用范围：①小题中；②如果大题要求写出矩阵位移法的完整求解步骤，求等效结点荷载只是其中的一个步骤，那么可以直接用方法（一）。如果是大题且这个大题只要求求解综合结点荷载向量，那么就不要用方法（一），因为方法（一）的步骤太简略了

**方法（二）**

方法（二）步骤如下：
①求局部坐标系下的单元等效结点荷载 $\bar{P}^e$，公式如下：

**方法（二）**

$$\bar{\boldsymbol{P}}^e = -\begin{pmatrix} \bar{F}_{xip} \\ \bar{F}_{yip} \\ \bar{M}_{ip} \\ \bar{F}_{xjp} \\ \bar{F}_{yjp} \\ \bar{M}_{jp} \end{pmatrix}^e$$

**4. 求综合结点荷载向量**

②将 $\bar{\boldsymbol{P}}^e$ 转换成整体坐标系下的单元等效结点荷载 $\boldsymbol{P}^e$，　$\boldsymbol{P}^e = \boldsymbol{T}^{\mathrm{T}} \bar{\boldsymbol{P}}^e$。
③用单元集成法形成整体结构的等效结点荷载 $\boldsymbol{P}^E$。
④写出结点荷载 $\boldsymbol{P}^D$。
⑤计算综合结点荷载 $\boldsymbol{P} = \boldsymbol{P}^E + \boldsymbol{P}^D$

**注意**　等效结点荷载与原荷载产生的结点位移（或结点约束力）相同，但杆件内力不相同。等效的原则也可以写成：等效结点荷载与原非结点荷载产生的结点约束力相同

**5. 求单元最后杆端力**

**整体坐标系下的杆端力**

$\boldsymbol{F}^e = \boldsymbol{k}^e \boldsymbol{\Delta}^e + \boldsymbol{F}_{\mathrm{P}}^e$，$\boldsymbol{F}^e$ 是整体坐标系下的杆端力，$\boldsymbol{F}_{\mathrm{P}}^e$ 是整体坐标系下的荷载作用下的杆端力向量

$$\boldsymbol{F}_{\mathrm{P}}^e = \begin{pmatrix} F_{xip} \\ F_{yip} \\ M_{ip} \\ F_{xjp} \\ F_{yjp} \\ M_{jp} \end{pmatrix}^e$$

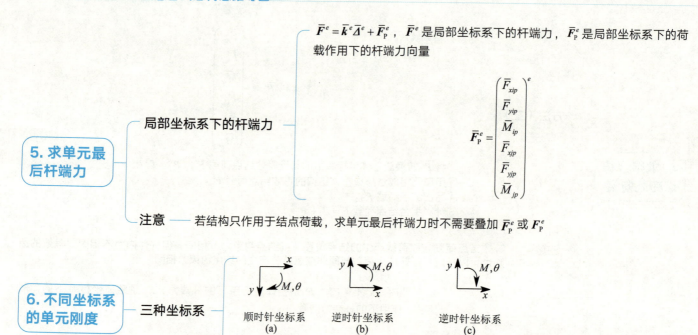

**5. 求单元最后杆端力**

局部坐标系下的杆端力 —— $\bar{F}^e = \bar{k}^e \bar{\varDelta}^e + \bar{F}_P^e$，$\bar{F}^e$ 是局部坐标系下的杆端力，$\bar{F}_P^e$ 是局部坐标系下的荷载作用下的杆端力向量

$$\bar{F}_P^e = \begin{pmatrix} \bar{F}_{xip} \\ \bar{F}_{yip} \\ \bar{M}_{ip} \\ \bar{F}_{xjp} \\ \bar{F}_{yjp} \\ \bar{M}_{jp} \end{pmatrix}^e$$

**注意** —— 若结构只作用于结点荷载，求单元最后杆端力时不需要叠加 $\bar{F}_P^e$ 或 $F_P^e$

**6. 不同坐标系的单元刚度**

三种坐标系

顺时针坐标系
(a)

逆时针坐标系
(b)

逆时针坐标系
(c)

转换矩阵中 $\alpha$ 的正方向规定不同。在顺时针坐标系［见图（a）］中，$\alpha$ 以顺时针旋转为正，而在逆时针坐标系［见图（b），图（c）］中，$\alpha$ 以逆时针旋转为正。

图（c）的单元刚度矩阵

**6. 不同坐标系的单元刚度** —— 三种坐标系

$$\bar{\boldsymbol{k}}^e = \begin{pmatrix} \dfrac{EA}{l} & 0 & 0 & -\dfrac{EA}{l} & 0 & 0 \\[2mm] 0 & \dfrac{12EI}{l^3} & -\dfrac{6EI}{l^2} & 0 & -\dfrac{12EI}{l^3} & -\dfrac{6EI}{l^2} \\[2mm] 0 & -\dfrac{6EI}{l^2} & \dfrac{4EI}{l} & 0 & \dfrac{6EI}{l^2} & \dfrac{2EI}{l} \\[2mm] -\dfrac{EA}{l} & 0 & 0 & \dfrac{EA}{l} & 0 & 0 \\[2mm] 0 & -\dfrac{12EI}{l^3} & \dfrac{6EI}{l^2} & 0 & \dfrac{12EI}{l^3} & \dfrac{6EI}{l^2} \\[2mm] 0 & -\dfrac{6EI}{l^2} & \dfrac{2EI}{l} & 0 & \dfrac{6EI}{l^2} & \dfrac{4EI}{l} \end{pmatrix}$$

**7. 弹性支座** —— **具体处理** —— 在位移法中讲过弹性支座，弹性支座只对主系数有影响，且只影响弹簧支座位移编号相应的主系数。如果结构的第 $j$ 个位移是弹性支座对应的，就把弹簧支座的刚度系数 $k$ 叠加到整体刚度矩阵第 $j$ 个主系数上，即可得到考虑弹簧支座后的整体刚度矩阵

**8. 重要结论** —— **结论内容** —— 忽略轴向变形时，若 $\bar{x}$ 轴方向与 $y$ 轴方向相反，单元刚度矩阵无须进行坐标变换

# 第9章 动力学

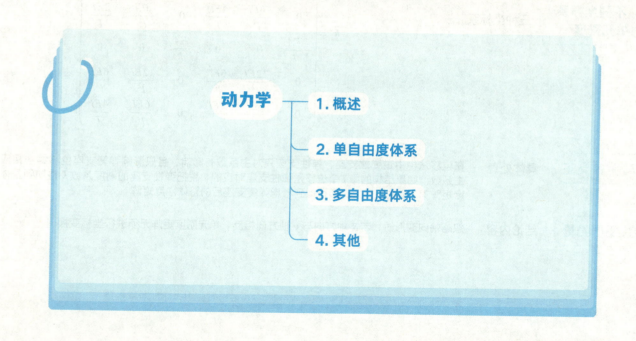

**动力作用** 当结构所受作用的大小、方向或位置随时间迅速变化，造成结构上质量运动的加速度较大，乃至相应的惯性力与结构所承受的其他外力相比不容忽视时，则称为动力作用

**动力分析与静力分析的区别** 静力分析不考虑惯性力的作用，动力分析考虑惯性力的作用

**动力响应** 结构因动力作用而产生的位移和内力，称为动位移和动内力，它们均为时间的函数。动位移、动内力及结构振动的速度和加速度等可统称为动力响应

**结构的动力特性** 结构的动力特性包括自振频率、振型和阻尼。所谓自振频率，是指结构受到某种初位移或初速度作用后发生自由振动时的角频率；振型是指结构按某个自振频率作无阻尼自由振动时的位移形态；阻尼是指结构振动过程中的能量耗散

**达朗贝尔原理** ①原理描述：认为在质体运动的每一瞬时，若除了实际作用于质体上的所有外力之外，还存在假想的惯性力，则在运动的任一瞬时质体将处于假想的平衡状态，或者称为动力平衡状态。
②推导：如图所示，小车在牵引力 $F(t)$ 作用下，向右发生位移，加速度是 $a$，根据牛顿第二定律，

$$\frac{F(t)-f}{m}=a \Rightarrow F(t)=ma+f \Rightarrow F(t)+(-ma)=f，其中 -ma 即为惯性力。$$

③原理的应用及意义。由于达朗贝尔原理的存在，可以将动力学问题转变为平衡问题。处理动力学问题，只需要表示出惯性力，然后用平衡的相关公式进行处理即可。

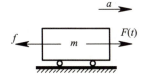

④惯性力。动力学中，以 $y$ 表示质体的动位移，其速度 $\dot{y}$ 和加速度 $\ddot{y}$ 均取与 $y$ 方向相同为正。惯性力的大小等于质量 $m$ 与其位移加速度 $\ddot{y}$ 的乘积，而方向与加速度方向相反，可表示为

$$F_1=-m\ddot{y}$$

**体系的动力自由度** ①体系动力自由度的概念。在动力学中，将确定体系上全部质量位置所需的独立几何参数的数目，称为体系的动力自由度，简称为自由度。
②确定体系动力自由度的方法。加链杆约束质量的运动，所加链杆的最少数量即为动力自由度数
振动自由度的数目与集中质量的个数不一定相等

**1. 概述**

**2. 单自由度体系** — 自由振动 — **无阻尼体系自由振动**

基本概念：刚度法与柔度法的概念及应用范围：当采用动静法建立体系的运动方程时，可以从力系平衡的角度出发，称为刚度法；也可以从位移协调的角度出发，称为柔度法。

刚度法一般用于超静定结构，柔度法一般用于静定结构。

但是对于某些超静定结构，当刚度系数求解困难时，也可以采用柔度法

建立运动方程时，关于重力的说明：重力作用下，结构会产生静位移。以重力平衡位置为起点，建立平衡方程就可以不考虑重力的影响。如图所示，$\Delta_{st}$ 表示重力作用下的静位移，$y(t)$ 表示动位移

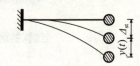

刚度法：

$$\frac{3EI}{l^3}y(t) + m\ddot{y}(t) - F_P(t) = 0 \Rightarrow m\ddot{y}(t) + \frac{3EI}{l^3}y(t) = F_P(t)$$

式中，$\dfrac{3EI}{l^3}$ 为柱子的抗侧刚度，也是质量处的刚度。$F_S = ky(t)$ 表示弹性恢复力，$k$ 表示刚度系数

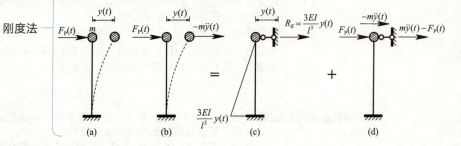

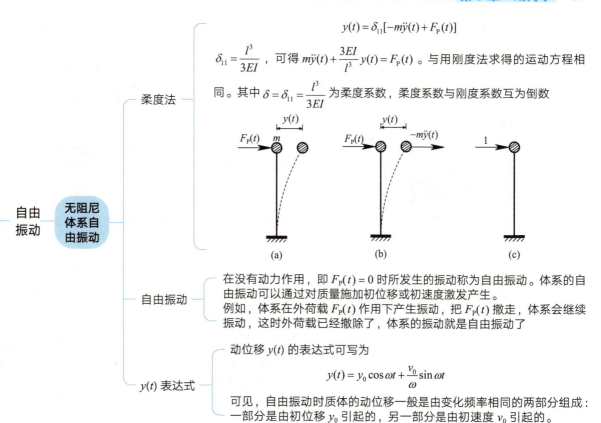

**柔度法**

$$y(t) = \delta_{11}[-m\ddot{y}(t) + F_{\mathrm{P}}(t)]$$

$\delta_{11} = \dfrac{l^3}{3EI}$ ，可得 $m\ddot{y}(t) + \dfrac{3EI}{l^3}y(t) = F_{\mathrm{P}}(t)$ 。与用刚度法求得的运动方程相

同。其中 $\delta = \delta_{11} = \dfrac{l^3}{3EI}$ 为柔度系数，柔度系数与刚度系数互为倒数

(a)　　　　(b)　　　　(c)

**2. 单自由度体系**　**自由振动**　**无阻尼体系自由振动**

**自由振动**

在没有动力作用，即 $F_{\mathrm{P}}(t) = 0$ 时所发生的振动称为自由振动。体系的自由振动可以通过对质量施加初位移或初速度激发产生。

例如，体系在外荷载 $F_{\mathrm{P}}(t)$ 作用下产生振动，把 $F_{\mathrm{P}}(t)$ 撤走，体系会继续振动，这时外荷载已经撤除了，体系的振动就是自由振动了

**$y(t)$ 表达式**

动位移 $y(t)$ 的表达式可写为

$$y(t) = y_0 \cos \omega t + \frac{v_0}{\omega} \sin \omega t$$

可见，自由振动时质体的动位移一般是由变化频率相同的两部分组成：一部分是由初位移 $y_0$ 引起的，另一部分是由初速度 $v_0$ 引起的。

按照三角变换的规律，可以将 $y(t)$ 改写为

$$y(t) = a\sin(\omega t + \alpha)$$

式中

$$\begin{cases} a = \sqrt{y_0^2 + \left(\dfrac{v_0}{\omega}\right)^2} \\[2mm] \alpha = \arctan\dfrac{y_0\omega}{v_0} \end{cases}$$

由以上推导可知，质量以其静平衡位置为中心作往复的简谐振动。参数 $a$ 代表振动时最大的位移幅度，称为振幅；$\alpha$ 称为初始相位角

**2. 单自由度体系** — 自由振动 — 无阻尼体系自由振动

— $y(t)$ 表达式

（1）自振频率的公式。
在结构动力学中，通常将体系作无阻尼自由振动时的角频率称为自振频率。$\omega$ 的计算公式为

$$\omega = \sqrt{\frac{k}{m}} = \sqrt{\frac{1}{m\delta}} = \sqrt{\frac{g}{W\delta}} = \sqrt{\frac{g}{\Delta_{st}}}$$

式中 $W=mg$ 为质体的重量，$\Delta_{st}$ 表示 $W$ 沿运动自由度方向作用于质量上时产生的静位移。
（2）自振频率的性质。
①自振频率仅取决于体系本身的质量和刚度，与外界激发自由振动的因素无关。它是体系本身所固有的属性，所以也称为固有频率。
②单自由度体系的自振频率和刚度与质量比值的平方根成正比。刚度越大或质量越小，则自振频率越高，反之则自振频率越低。因体系在动力作用下的响应与自振频率有关，所以在结构设计时可以利用这种规律调整体系的自振频率，以达到减振的目的。

— 自振频率 & 自振周期

（3）自振周期。

单自由度体系的自由振动是一种周期性的简谐运动，质量完成一周简谐运动所需的时间为

$$T = \frac{2\pi}{\omega}$$

$T$ 称为体系的自振周期，其常用单位为 s（秒）。

周期 $T$ 的单位是"s（秒）"；圆频率 $\omega$ 的单位是"$s^{-1}$"，即"弧度/每秒"，也可以理解成 $2\pi$ 秒内振动的次数；工程频率的单位为"Hz（赫）"，即每秒振动的次数。

自振周期的性质（无阻尼时）。

①自振周期只与结构的质量和刚度有关，与初始条件及外界的干扰因素无关。

②自振频率与质量的平方根成反比，与刚度的平方根成正比。

③自振频率是结构动力性能的一个很重要的标志，两个外表看起来相似的结构，如果自振频率相差很大，则动力性能相差很大；反之，两个外表看起来并不相同的结构，如果其自振频率相似，则在动荷载作用下其动力性能基本一致

**自振频率 & 自振周期**

**2. 单自由度体系** ── 自由振动 ── 无阻尼体系自由振动

**自振频率的求解**

①有集中质量的静定结构。对于有集中质量的静定结构，用柔度法求自振频率，公式为 $\omega = \sqrt{\dfrac{1}{\delta m}}$。在质量振动方向加单位力 1，通过图乘计算柔度系数 $\delta$。

②有集中质量的超静定结构。对于有集中质量的超静定结构，用刚度法求自振频率，公式为 $\omega = \sqrt{\dfrac{k}{m}}$。用刚度法求自振频率的关键点是求刚度系数 $k$。下面是求刚度系数 $k$ 的具体操作。

求哪点的刚度，就在该点加一个支座链杆，强制支座链杆发生单位 1 的位移，然后求支座链杆中的力。其本质是求超静定结构在支座位移作用下结构的内力以及支座反力。

在求刚度系数 $k$ 时，要用到的方法包括弯矩分配法、剪力分配法及位移法，其中弯矩分配法和剪力分配法较常用，位移法用得比较少。

③具有分布质量的无穷刚体。对于有分布质量的无穷刚体，求自振频率时，不能直接套用 $\omega = \sqrt{\dfrac{k}{m}}$ 或 $\omega = \sqrt{\dfrac{1}{\delta m}}$ 的公式。需要列运动方程，再利用运动方程求自振频率。

列运动方程时，可利用刚度法思想或柔度法思想。

例如：

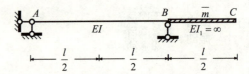

④多个质量，一个自由度的体系。对于具有多个质量，但是只有一个自由度的体系，可以表示出惯性力，然后用刚度法或柔度法列运动方程，再求解频率。

例如：

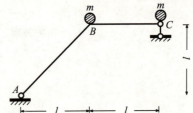

**2. 单自由度体系** — 自由振动 — **无阻尼体系自由振动** — 自振频率的求解

**2. 单自由度体系** 　 自由振动 　 **有阻尼体系自由振动** 　 一些结论

①考虑阻尼时体系的自振频率为 $\omega_r = \omega\sqrt{1-\xi^2}$，其中 $\xi = \dfrac{c}{2m\omega}$ 为阻尼比，$c$ 为阻尼系数。从式中可以看出，阻尼是使自振频率减小的，但影响幅度不大，因此在计算方面，一般结构可以取 $\omega_r \approx \omega$。

②阻尼比的确定。利用有阻尼体系自由振动时振幅衰减的特性，可以用实验方法按下式确定体系的阻尼比。

$$\xi \approx \frac{1}{2n\pi} \ln \frac{y_k}{y_{k+n}}$$

其中 $y_k$ 与 $y_{k+n}$ 为相距 $n$ 个周期的自由振动振幅。

$\xi = 1$ 时的阻尼称为临界阻尼；$\xi < 1$ 时的阻尼为小阻尼，体系具有振动的性质；$\xi > 1$ 时的阻尼为大阻尼，此时体系不具有振动的性质

**2. 单自由度体系** 　 受迫振动 　 **无阻尼体系受迫振动** 　 振动方程求解

单自由度体系无阻尼受迫振动的运动方程为

$$m\ddot{y} + ky = F_p(t)$$

$$\ddot{y} + \omega^2 y = \frac{F_p(t)}{m}$$

$$F_p(t) = F\sin\theta t$$

单自由度体系在简谐荷载作用下的稳态响应为

$$y(t) = \frac{F}{m(\omega^2 - \theta^2)}\sin\theta t = \frac{1}{1 - \dfrac{\theta^2}{\omega^2}} \times \frac{F}{m\omega^2}\sin\theta t = \mu y_{st}\sin\theta t$$

式中，$y_{st}$ 即为将动力荷载幅值 $F$ 作为静力荷载作用于体系时所引起的静位移，而

$$\mu = \frac{y_{max}}{y_{st}} = \frac{1}{1 - \dfrac{\theta^2}{\omega^2}}$$

代表动位移幅值与静位移之比，称为动力系数，它反映了惯性力的影响

**2. 单自由度体系** — 受迫振动 — **无阻尼体系受迫振动**

动力系数公式的适用范围

动力系数公式的适用范围：动力系数公式为 $\mu = \dfrac{1}{1-\dfrac{\theta^2}{\omega^2}}$ 。当体系为单自由度体系且外荷载作用在质量上时，求解体系中所有的最大动内力和最大动位移都可以用公式 $\mu = \dfrac{1}{1-\dfrac{\theta^2}{\omega^2}}$ 计算动力系数，然后用动力系数乘以静内力和静位移来得到最大动内力和最大动位移。当体系为单自由度体系且外荷载不作用在质量上时求质量处的最大动位移可以用公式 $\mu = \dfrac{1}{1-\dfrac{\theta^2}{\omega^2}}$ 来计算，求其他位置处的最大动位移和最大动内力，都不能直接用公式 $\mu = \dfrac{1}{1-\dfrac{\theta^2}{\omega^2}}$ 来计算

无阻尼振动特征

简谐荷载作用下无阻尼稳态振动的主要特征。
①稳态受迫振动的频率与荷载的变化频率相同，且动位移、惯性力以及体系的动内力均与干扰力同时达到幅值。当 $\theta < \omega$ 时，$\mu > 0$，动位移与干扰力方向相同；当 $\theta > \omega$ 时，$\mu < 0$，动位移与干扰力方向相反。
②当 $\theta \ll \omega$，$\left(\dfrac{\theta}{\omega}\right)^2 \to 0$ 时，$\mu \to 1$，这种情况相当于静力作用，通常当 $\dfrac{\theta}{\omega} \leqslant \dfrac{1}{5}$ 时即可按静力方法计算振幅；当 $\theta \gg \omega$，$\left(\dfrac{\theta}{\omega}\right)^2 \to \infty$ 时，$\mu \to 0$，表明当干扰力频率远大于体系的自振频率时，动位移将趋向于零；

**2. 单自由度体系** — 受迫振动 — **无阻尼体系受迫振动**

无阻尼振动特征：

当 $\theta \to \omega$ 时，$\mu \to \infty$，即体系的振幅将趋于无穷大。实际结构由于阻尼的存在，振幅不可能趋于无穷大，但它仍将远大于静位移的值，这种现象称为共振。在工程设计中应尽量避免共振现象的发生，一般应控制 $\dfrac{\theta}{\omega}$ 的值避开 $0.75 < \dfrac{\theta}{\omega} < 1.25$ 的共振区段。

③在 $\dfrac{\theta}{\omega} < 1$ 的共振前区，为使振幅减小可设法增大结构的自振频率，这种方法称为刚性方案；在 $\dfrac{\theta}{\omega} > 1$ 的共振后区，则应设法减小结构的自振频率以减小振幅，这种方法称为柔性方案

外荷载不作用在质量上：

柔度法：外荷载不作用在质量上时，求动位移及动内力的方法总结如下。对于单自由度体系受迫振动，当动力荷载不作用在质量上时，如果求质量的最大动位移，只需将原荷载 $F_p(t)$ 用沿自由度方向作用于质量上的动力荷载 $\dfrac{\delta_{12}}{\delta_{11}} F_p(t)$ 代替。此时，质量位移的动力系数仍与原动力荷载作用于质量上时相同，即 $\mu = \dfrac{1}{1 - \dfrac{\theta^2}{\omega^2}}$ 。质量处的最大动位移为

$$y_d = \mu \times \frac{\delta_{12}}{\delta_{11}} F_p \times \delta_{11} = \mu \delta_{12} F_p = \mu y_{st}$$

所以外荷载不作用在质量上时，求质量处的最大动位移，可以直接套用动力放大系数，即最大动位移等于动力系数乘以静位移。
但体系其他部位的位移以及内力的动力系数通常不再相同，即不能采用统一的动力系数 $\mu$。
此时可以将惯性力表达式写出：$y(t) = A\sin \theta t$，$I = mA\theta^2 \sin \theta t$，将最大惯性力与最大外荷载同时作用在结构上，直接计算其他部位的动位移以及动内力

**2. 单自由度体系** — 受迫振动

- **无阻尼体系受迫振动** — 外荷载不作用在质量上 — 刚度法：加水平链杆约束质量的振动，求出水平链杆中的力，再反号加在质量上，此时外荷载已经作用在了质量上，就可以直接用动力放大系数了

- **有阻尼体系受迫振动** — 阻尼对受迫振动影响 —

（1）在强迫振动中，阻尼起着减小动力系数的作用。简谐荷载作用下有阻尼体系的动力系数为 $\beta = \dfrac{y(t)_{\max}}{y_{\mathrm{st}}} = \dfrac{1}{\sqrt{\left(1 - \dfrac{\theta^2}{\omega^2}\right)^2 + 4\xi^2 \dfrac{\theta^2}{\omega^2}}}$，共

振时的动力系数 $\beta = \dfrac{1}{2\xi}$。

当 $\dfrac{\theta}{\omega}$ 的值在 0.75~1.25 之间（共振区）时，阻尼对降低动力系数的作用特别显著。

（2）动荷载频率的大小与结构受力特点的关系。

①当外荷载的频率很小时（$\theta \ll \omega$），体系振动很慢，因此惯性力和阻尼力都很小，动荷载主要与弹性力平衡。

②当外荷载的频率很大时（$\theta \gg \omega$），体系振动很快，因此惯性力很大，弹性力和阻尼力相对来说比较小，动荷载主要与惯性力平衡。

③当外荷载接近自振频率（$\theta \approx \omega$），弹性力和惯性力都接近于零，这时动荷载主要与阻尼力相平衡

运动微分方程：

$$\begin{cases} m_1\ddot{y}_1(t) + k_{11}y_1(t) + k_{12}y_2(t) = 0 \\ m_2\ddot{y}_2(t) + k_{21}y_1(t) + k_{22}y_2(t) = 0 \end{cases}$$

**3. 多自由度体系**　自由振动　**刚度法**　运动方程

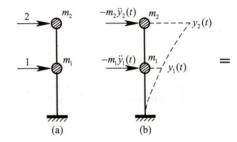

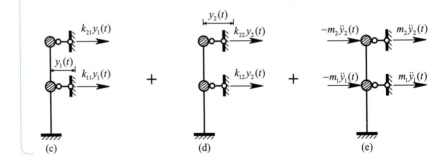

假设上述方程的特解形式仍为

$$\begin{cases} y_1(t) = A_1 \sin(\omega t + \alpha) \\ y_2(t) = A_2 \sin(\omega t + \alpha) \end{cases}$$

代入，消去公因子 $\sin(\omega t + \alpha)$ 后得

$$\begin{cases} (k_{11} - \omega^2 m_1)A_1 + k_{12}A_2 = 0 \\ k_{21}A_1 + (k_{22} - \omega^2 m_2)A_2 = 0 \end{cases}$$

上式即为用刚度系数表达的振型方程或特征向量方程，它仍是一组关于振幅 $A_1$ 和 $A_2$ 的齐次线性代数方程。方程取得非零解的条件是系数行列式等于零，即

$$D = \begin{vmatrix} k_{11} - \omega^2 m_1 & k_{12} \\ k_{21} & k_{22} - \omega^2 m_2 \end{vmatrix} = 0$$

## 3. 多自由度体系 — 自由振动 — **刚度法** — 求自振频率和振型

上式即为用刚度系数表达的频率方程或特征方程。由此可求得体系的自振频率 $\omega_1$ 和 $\omega_2$。将 $\omega_1$ 和 $\omega_2$ 分别代入振型方程即可求得相应的振型。

第一主振型 $(\omega = \omega_1)$：$\dfrac{A_{11}}{A_{21}} = -\dfrac{k_{12}}{k_{11} - m_1\omega_1^2}$ ；

第二主振型 $(\omega = \omega_2)$：$\dfrac{A_{12}}{A_{22}} = -\dfrac{k_{12}}{k_{11} - m_1\omega_2^2}$

$$\begin{cases} y_1(t) = -m_1\ddot{y}_1(t)\delta_{11} - m_2\ddot{y}_2(t)\delta_{12} \\ y_2(t) = -m_1\ddot{y}_1(t)\delta_{21} - m_2\ddot{y}_2(t)\delta_{22} \end{cases}$$

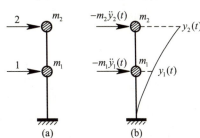

(a)　(b)

**3. 多自由度体系**　自由振动　**柔度法**　运动方程

假设两质量的运动为同频率、同相位的简谐振动，则 $m_1$，$m_2$ 的动位移可表达为

$$\begin{cases} y_1(t) = A_1\sin(\omega t + \alpha) \\ y_2(t) = A_2\sin(\omega t + \alpha) \end{cases}$$

式中，$A_1$，$A_2$ 分别为 $m_1$，$m_2$ 的位移幅值，$\omega$ 为体系的自振频率。由上式可知，此时两质量的位移虽随时间变化，但两者之间的比值即位移模态保持不变，有

$$\frac{y_2(t)}{y_1(t)} = \frac{A_2}{A_1} = 常数$$

体系中质体位移模态保持不变的振动形式称为主振型，简称振型

将上述 $y_1(t)$，$y_2(t)$ 的表达式代入运动方程，消去公因子 $\sin(\omega t + \alpha)$ 后可得

$$\begin{cases} \left(\delta_{11}m_1 - \dfrac{1}{\omega^2}\right)A_1 + \delta_{12}m_2 A_2 = 0 \\ \delta_{21}m_1 A_1 + \left(\delta_{22}m_2 - \dfrac{1}{\omega^2}\right)A_2 = 0 \end{cases}$$  ①

式①是关于振幅 $A_1$ 和 $A_2$ 的齐次线性代数方程组，称为振型方程或特征向量方程，为了使方程①具有非零解，其系数行列式必须等于零，即有

$$D = \begin{vmatrix} \delta_{11}m_1 - \dfrac{1}{\omega^2} & \delta_{12}m_2 \\ \delta_{21}m_1 & \delta_{22}m_2 - \dfrac{1}{\omega^2} \end{vmatrix} = 0$$  ②

式②称为体系的频率方程或特征方程。

令 $\lambda = \dfrac{1}{\omega^2}$，代入式②中，展开行列式后可得

$$\lambda^2 - (\delta_{11}m_1 + \delta_{22}m_2)\lambda + (\delta_{11}\delta_{22} - \delta_{12}^2)m_1 m_2 = 0$$  ③

这是一个关于 $\lambda$ 的一元二次方程。求解此方程可得两个根，分别记为 $\lambda_1$ 和 $\lambda_2$。于是，体系的自振频率为

$$\omega_1 = \dfrac{1}{\sqrt{\lambda_1}}, \quad \omega_2 = \dfrac{1}{\sqrt{\lambda_2}}$$  ④

其中较小的频率 $\omega_1$ 称为第一频率或基本频率，其对应的振型称为第一振型或基本振型；而 $\omega_2$ 则称为第二频率。可见，两个自由度的振动体系共有两个自振频率

**3. 多自由度体系** — 自由振动 — **柔度法** — 求自振频率

将第一频率 $\omega_1$ 代入式①的第一式，相应的 $m_1$ 和 $m_2$ 的振幅分别记为 $A_{11}$ 和 $A_{21}$，注意到式④有

$$\frac{A_{21}}{A_{11}} = \frac{\frac{1}{\omega_1^2} - \delta_{11}m_1}{\delta_{12}m_2} = \frac{\lambda_1 - \delta_{11}m_1}{\delta_{12}m_2} = \rho_1$$

同样，对于 $\omega_2$ 有

$$\frac{A_{22}}{A_{12}} = \frac{\frac{1}{\omega_2^2} - \delta_{11}m_1}{\delta_{12}m_2} = \frac{\lambda_2 - \delta_{11}m_1}{\delta_{12}m_2} = \rho_2$$

**柔度法** ── 求振型

**3. 多自由度体系** ── 自由振动

**自由振动的重要概念**

①多自由度体系自振频率的个数与体系的自由度数相等

②自振频率及其相应的主振型均为体系固有的动力特性，与外界因素无关

③多自由度体系的自由振动可看作不同自振频率对应的主振型的线性组合

**对称性的利用**

①当结构和质量分布均对称时，体系可以正对称振动，也可以反对称振动。所以，既要取正对称半结构，又要取反对称半结构。正反对称半结构取出后，分别计算频率。

②当结构和质量分布均对称时，体系的振型必定是正对称或反对称的，其中较低频率下的振型对应体系的应变能相对较小，如图所示。

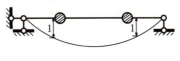

第一振型
(a)

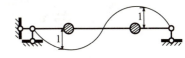

第二振型
(b)

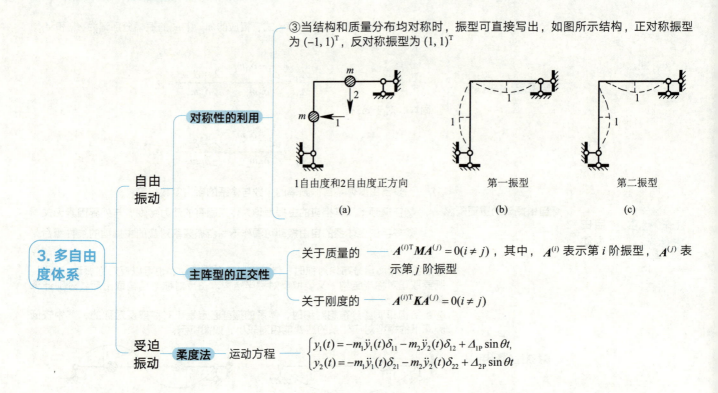

③当结构和质量分布均对称时，振型可直接写出，如图所示结构，正对称振型为 $(-1, 1)^T$，反对称振型为 $(1, 1)^T$

1自由度和2自由度正方向

(a)

第一振型

(b)

第二振型

(c)

**3. 多自由度体系**

自由振动

　　对称性的利用

　　主阵型的正交性 ── 关于质量的 ── $A^{(i)T}MA^{(j)} = 0 (i \neq j)$，其中，$A^{(i)}$ 表示第 $i$ 阶振型，$A^{(j)}$ 表示第 $j$ 阶振型

　　　　　　　　　 关于刚度的 ── $A^{(i)T}KA^{(j)} = 0 (i \neq j)$

受迫振动 ── 柔度法 ── 运动方程

$$\begin{cases} y_1(t) = -m_1\ddot{y}_1(t)\delta_{11} - m_2\ddot{y}_2(t)\delta_{12} + \Delta_{1P}\sin\theta t, \\ y_2(t) = -m_1\ddot{y}_1(t)\delta_{21} - m_2\ddot{y}_2(t)\delta_{22} + \Delta_{2P}\sin\theta t \end{cases}$$

设在稳态阶段各质量按干扰力的频率 $\theta$ 作同步简谐振动，亦即取特解的形式为

$$\begin{cases} y_1(t) = A_1 \sin\theta t \\ y_2(t) = A_2 \sin\theta t \end{cases}$$

代入运动微分方程，可得

$$\begin{cases} \left(\delta_{11}m_1 - \dfrac{1}{\theta^2}\right)A_1 + \delta_{12}m_2 A_2 + \dfrac{\Delta_{1P}}{\theta^2} = 0 \\[4mm] \delta_{21}m_1 A_1 + \left(\delta_{22}m_2 - \dfrac{1}{\theta^2}\right)A_2 + \dfrac{\Delta_{2P}}{\theta^2} = 0 \end{cases}$$

通过对方程求解，可得 $A_1$ 与 $A_2$。质量 1 与质量 2 处的惯性力为

$$I_1 = m_1 A_1 \theta^2 \sin\theta t,\quad I_2 = m_2 A_2 \theta^2 \sin\theta t$$

质量的动位移和惯性力与干扰力同时达到幅值，所以可以将惯性力幅值和干扰力幅值同时作用于体系上，按照静力方法计算体系的内力幅值

$$\begin{cases} \left(\delta_{11} - \dfrac{1}{m_1\theta^2}\right)I_1 + \delta_{12}I_2 + \Delta_{1P} = 0 \\[4mm] \delta_{21}I_1 + \left(\delta_{22} - \dfrac{1}{m_2\theta^2}\right)I_2 + \Delta_{2P} = 0 \end{cases}$$

通过对方程进行求解，可直接求出 $I_1$ 与 $I_2$ 惯性力。将惯性力幅值和干扰力幅值同时作用于体系上，按照静力方法计算体系的内力幅值

---

**3. 多自由度体系** ── 受迫振动 ── **柔度法**
- 振幅计算
- 惯性力计算

**3. 多自由度体系** — 受迫振动

- **刚度法**
  - 运动方程
    $$\begin{cases} m_1\ddot{y}_1(t) + k_{11}y_1(t) + k_{12}y_2(t) = F_1\sin\theta t, \\ m_2\ddot{y}_2(t) + k_{21}y_1(t) + k_{22}y_2(t) = F_2\sin\theta t \end{cases}$$
  - 振幅和惯性力计算

    设在稳态阶段各质量按干扰力的频率 $\theta$ 作同步简谐振动，亦即取特解的形式为
    $$\begin{cases} y_1(t) = A_1\sin\theta t \\ y_2(t) = A_2\sin\theta t \end{cases}$$
    代入运动微分方程，可得
    $$\begin{cases} (k_{11} - m_1\theta^2)A_1 + k_{12}A_2 = F_1 \\ k_{21}A_1 + (k_{22} - m_2\theta^2)A_2 = F_2 \end{cases}$$
    通过对方程求解，可得 $A_1$ 与 $A_2$。质量 1 与质量 2 处的惯性力为
    $$F_{I1} = m_1A_1\theta^2\sin\theta t, \quad F_{I2} = m_2A_2\theta^2\sin\theta t$$
    质量的动位移和惯性力与干扰力同时达到幅值，所以可以将惯性力幅值和干扰力幅值同时作用于体系上，计算体系的内力幅值

- **在简谐荷载作用下的稳态共振** 当荷载频率 $\theta$ 与体系的任一自振频率 $\omega_i$ 相同时，动位移幅值为无穷大，即出现共振现象

- **对称性的利用** 受迫振动时，正对称荷载作用下的振动形式为正对称的，取正对称半结构进行分析；反对称荷载作用下的振动形式为反对称的，取反对称半结构进行分析

**4. 其他**　这些结论最好记住

当结构中某杆件的刚度增加时，结构的自振频率不一定增大

单自由度体系中，在共振区降低结构的动位移，有效的办法应首选增加阻尼。在共振区之外降低结构的动位移，有效的办法应首选调整自振频率

$n$ 个自由度的体系，自振频率和振型图分别有 $n$ 个，它们都与质量和刚度有关

可单一地使用动力系数法求结构动力反应的条件是单自由度体系，荷载与惯性力作用点及作用线方向相同

单自由度体系在简谐荷载作用下，当荷载频率与结构自振频率接近时，可以不考虑阻尼对频率的影响

增加结构刚度不一定能减小动力响应，增加阻尼一定能减小动位移

增加单自由度体系阻尼（增加后仍是小阻尼），其结果是自振周期变长

单自由度体系自振时取决于初始条件（初位移、初速度）

无阻尼单自由度体系在简谐荷载作用下，共振时与动荷载相平衡的是惯性力与弹性恢复力的合力

# 第 10 章　稳定

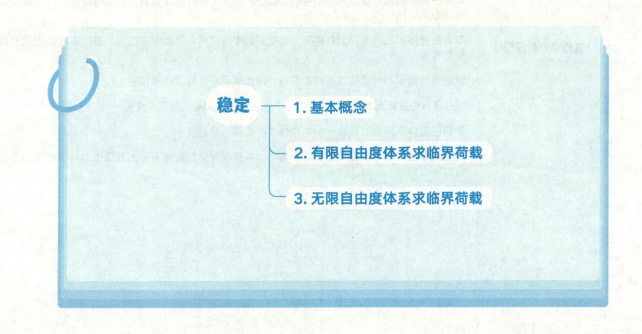

稳定
- 1. 基本概念
- 2. 有限自由度体系求临界荷载
- 3. 无限自由度体系求临界荷载

**失稳破坏和临界荷载** —— 当结构中的某些构件受到较大压应力的作用时，结构可能在材料抗力未得到充分发挥之前就因变形的迅速发展而丧失承载能力，这种现象即称为失稳破坏，其相应的荷载称为结构的临界荷载，记为 $F_{\text{Pcr}}$

**结构的稳定性** —— 结构的稳定性是指体系受外因作用后，能够保持其原有平衡状态的能力

**结构的三种平衡状态及其能量特征**

- **稳定平衡** 处于平衡状态的结构，受到轻微干扰而稍微偏离其原来位置，当干扰撤除后，仍能恢复原来的平衡位置。其能量特征为结构的势能极小

- **不稳定平衡** 处于平衡状态的结构，受到轻微干扰而稍微偏离其原来位置，当干扰撤除后，不能恢复原来的平衡位置。其能量特征为结构的势能极大

- **随遇平衡（中性平衡）** 结构由稳定平衡到不稳定平衡的中间过渡状态。其能量特征为结构的势能不发生变化

**1. 基本概念**

**结构失稳的两种基本形式**

- **分支点失稳** 当荷载达到临界值时，结构原来的平衡形式变成不稳定的，即原始平衡形式不再是唯一的平衡形式，可能出现新的、有质的区别的平衡形式和变形形式。荷载 – 位移（$F_{\text{p}}$–$\varDelta$）曲线为原始平衡路径与新平衡路径并存的（平衡形式具有二重性），交点为分支点。例如，理想轴压杆件的直线形式的平衡状态可能变为弯曲形式的平衡状态；梁的平面弯曲的平衡形式可能变为斜弯曲和扭转的形式

- **极值点失稳** 结构原来的平衡形式并不发生质变（只有量变）。当荷载达到临界值时，变形按其原有的形式迅速增大而丧失承载能力。$F_{\text{p}}$–$\varDelta$ 曲线具有极值点（非完善体系的失稳通常是极值点失稳）。例如，偏心和有初曲率的压杆（非理想轴压杆）的失稳

**稳定自由度** —— 确定结构失稳时所有可能的变形状态所需的独立参数的数目，称为结构的稳定自由度

**1. 基本概念**

**临界荷载** —— 体系由稳定平衡状态到不稳定平衡状态的最小荷载，称为临界荷载（分支点失稳时，分支点对应的荷载；极值点失稳时，极值点相应的荷载极大值）

**稳定方程** —— 稳定方程（稳定问题的特征方程）是体系在新的曲线形式下能够维持平衡的条件，反映了失稳时平衡形式具有二重性的特点。稳定方程与变形的形状有关，与变形的绝对值无关，它的解称为特征值。最小特征值即为临界荷载

**2. 有限自由度体系求临界荷载**

**静力法** —— 静力法求有限自由度体系的临界荷载。对具有 $n$ 个自由度的结构体系，列出新的平衡形式下的 $n$ 个独立平衡方程，它们是含有 $n$ 个独立位移参数的齐次线性代数方程。根据临界状态的静力特征，要求位移参数有非零解，所以应使方程组的系数行列式 $D = 0$，$D = 0$ 即为稳定方程（稳定问题的特征方程）。系数中包含荷载，可从稳定方程中求出最小根 $F_{Pcr}$，即得临界荷载

**能量法** —— 概念：所谓能量法就是依据能量特征来确定体系失稳时的临界荷载的方法。

按照势能驻值原理，体系取得平衡的充分和必要条件是：任意可能的位移和变形均使势能 $E_P$ 取得驻值，可表达为

$$\delta E_P = 0$$

即势能 $E_P$ 的一阶变分等于零。

对于变形体系来说，势能 $E_P$ 可表达为

$$E_P = U + U_P$$

其中 $U$ 为变形体系的应变能；$U_P$ 为荷载势能

能量法求有限自由度体系的临界荷载。对具有 $n$ 个自由度的体系，用有限个独立参数 $a_1$，$a_2$，$\cdots$，$a_n$ 即可表示所设的失稳变形曲线。结构的势能为这 $n$ 个独立参数的函数。根据总势能为驻值，即结构势能的一阶变分为零，建立势能驻值条件，然后应用位移有非零解的条件，得出特征方程，求出荷载的特征值 $F_{Pi}(i = 1, 2, \cdots, n)$。最后在 $F_{Pi}$ 中选取最小值，即得到临界荷载 $F_{Pcr}$

**2. 有限自由度体系求临界荷载**

**多自由度体系失稳时的基本特点**

①具有 $n$ 个自由度的体系失稳时共有 $n$ 个特征值，其对应有 $n$ 个特征向量，即有 $n$ 个可能发生的失稳位移形态。

②对称结构在对称荷载作用下的失稳位移形态是正对称或反对称的。

③真实的临界荷载对应 $n$ 个特征值中的最小者

**3. 无限自由度体系求临界荷载**

**静力法**

对具有无限个自由度的体系，先假设一符合支承情况的变形状态，并就其建立平衡微分方程（而不是代数方程），求解这个微分方程并利用边界条件，获得一组关于位移参数的齐次代数方程组。根据失稳时产生新的变形这一条件，位移不恒等于零，即位移参数不全等于零，必有其系数行列式为零，即 $D=0$，从而得到求临界荷载的特征方程（稳定方程）。求解稳定方程，有无穷多个解，取其中的最小解即得临界荷载

**能量法**

根据势能驻值原理，在弹性结构的一切可能位移中，真实位移使总势能为驻值来确定临界荷载。要从无限多的可能位移中找出荷载 $F_P$ 再求其最小值，是比较困难的。一般只选定若干种可能位移并算出 $F_P$ 值，再从中找出它们的极小值。这样得到的极小值将是临界荷载的一个上限值（局部中的极小总是大于整体中的极小），它可作为临界荷载的一个近似值。

用能量法确定弹性压杆临界荷载的基本思想是应用势能驻值原理，在使势能的一阶变分等于零的情况下，根据位移取得非零解的条件确定压杆的临界荷载。

假设压杆失稳时的位移曲线形式可以采用广义坐标法近似地表达为一组函数的线性组合，即

$$y(x) = \sum_{i=1}^{n} a_i \varphi_i(x)$$

式中 $\varphi_i(x)$ 为满足位移边界条件的给定函数；$a_i$ 为待定参数，也称为广义坐标。于是，压杆失稳时的位形 $y(x)$ 将完全由 $n$ 个广义坐标所确定，成为具有 $n$ 个自由度的稳定问题。先求出压杆的应变能，再求得相应的荷载势能。求得总势能 $E_P$ 后可由势能驻值条件得到一组共 $n$ 个关于广义坐标 $a_1$ 至 $a_n$ 的齐次线性代数方程，并按照与一般有限自由度问题相同的方法确定临界荷载。以上介绍的能量方法也称为里兹法。

能量法 —— 里兹法的精确度：由于压杆失稳时的位移曲线一般很难精确预计和表达，用能量法通常只能求得临界荷载的近似值，而其近似程度完全取决于所假设的位移曲线与真实的失稳位移曲线的符合程度。因此，恰当选取位移曲线便成为能量法中的关键问题，若选取的位移曲线恰好符合真实的位移曲线，则采用能量法可以求得临界荷载的精确值。否则，所求得的临界荷载将高于精确值。这是因为假定的位移曲线只是全部可能位移曲线集合中的一个子集，或者说这相当于对体系的变形施加了某种约束。这样，体系抵抗失稳的能力通常就会有所提高

**3. 无限自由度体系求临界荷载**

不用约束条件下压杆的临界力

各种支承约束条件下等截面细长压杆临界力的欧拉公式

| 支端情况 | 两端铰支 | 一端固定，另一端铰支 | 两端固定 | 一端固定，另一端自由 | 两端固定，但可沿横向相对移动 |
|---|---|---|---|---|---|
| 失稳时挠曲线形状 | | $0.7l$<br>$C$—挠曲线拐点 | $0.5l$<br>$C, D$—挠曲线拐点 | $2l$ | $0.5l$<br>$C$—挠曲线拐点 |
| 临界力 $F_{Pcr}$ 欧拉公式 | $F_{Pcr} = \dfrac{\pi^2 EI}{l^2}$ | $F_{Pcr} \approx \dfrac{\pi^2 EI}{(0.7l)^2}$ | $F_{Pcr} = \dfrac{\pi^2 EI}{(0.5l)^2}$ | $F_{Pcr} = \dfrac{\pi^2 EI}{(2l)^2}$ | $F_{Pcr} = \dfrac{\pi^2 EI}{l^2}$ |
| 长度因数 $\mu$ | $\mu = 1$ | $\mu \approx 0.7$ | $\mu = 0.5$ | $\mu = 2$ | $\mu = 1$ |

# 第 11 章　结构的塑性分析和极限荷载

结构的塑性分析和极限荷载

- 1. 概述 & 纯弯曲梁的极限弯矩和塑性铰
- 2. 比例加载时判定极限荷载的一般定理
- 3. 梁的极限荷载
- 4. 平面刚架的极限荷载
- 5. 破坏机构总结
- 6. 注意

**弹性分析与弹性设计**

> **弹性分析** 假设结构受力时材料处于弹性阶段，当荷载全部卸除后，结构仍能恢复原有的形状，没有残余变形，材料服从胡克定律，应力与应变、内力与变形之间呈线性关系。据此可以求得弹性工作状态下结构的内力，进而算出杆件截面上的应力，这就是所谓的弹性分析

> **弹性设计** 当采用许用应力法进行设计时，要求 $\sigma_{max} \leqslant [\sigma]$，式中 $\sigma_{max}$ 为结构中的实际最大应力，$[\sigma]$ 为材料的许用应力。
> 上述以许用应力为依据从而确定结构的截面尺寸或进行强度验算的过程，称为结构的弹性设计

**1. 概述 & 纯弯曲梁的极限弯矩和塑性铰**

**塑性分析方法与极限荷载** —— 以结构进入塑性阶段并最终丧失承载能力时的极限状态作为结构破坏的标志，这种方法称为塑性分析方法。结构在极限状态所能承受的荷载称为极限荷载

**塑性分析时的基本假设**

> ①材料是拉压性能相同的理想弹塑性材料，应力－应变关系如图所示，加载时材料是弹塑性的，卸载时材料为线弹性的。
> ②比例加载。所有荷载变化时都保持固定的比例，全部荷载可用一个参数 $F_p$ 来表示，不出现卸载现象。
> ③变形很小，略去弹性变形。
> ④忽略剪力、轴力对极限弯矩的影响

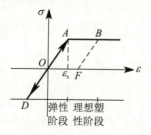

弹性阶段如图（a）所示，弹塑性阶段如图（b）所示，塑性阶段如图（c）所示。弹性极限弯矩（屈服弯矩）为 $M_s$，$M_s = \dfrac{bh^2}{6}\sigma_s$。塑性阶段，截面上的应力分布为两个矩形 [见图（c）]，可由平衡条件计算得相应的极限弯矩为 $M_s = \dfrac{bh^2}{4}\sigma_s$

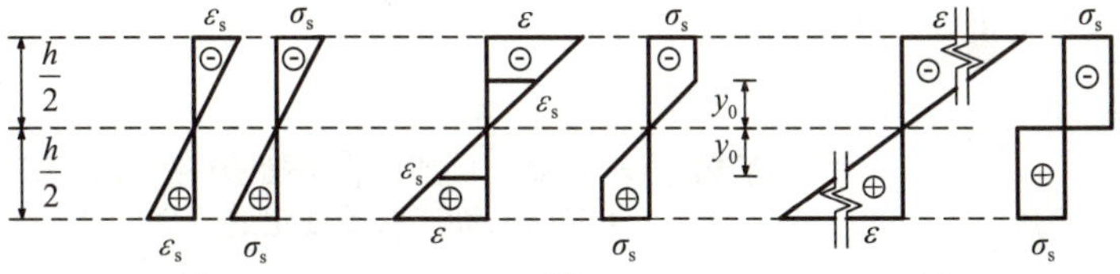

（a）　　　　　　（b）　　　　　　（c）

**弹性阶段，弹塑性阶段，塑性阶段**

**截面形状系数** —— 塑性极限弯矩与弹性极限弯矩的比值称为截面形状系数，即 $\alpha = \dfrac{M_u}{M_s}$。矩形截面 $\alpha = 1.5$，圆形截面 $\alpha = 1.7$，工字形截面 $\alpha \approx 1.15$，薄壁圆形截面 $\alpha \approx 1.3$

**1. 概述 & 纯弯曲梁的极限弯矩和塑性铰**

**塑性铰**

当 $M = M_u$ 时，梁进入塑性阶段，截面的抵抗内力不再增加，但变形仍可继续发展，这种情况相当于一个承受弯矩 $M_u$ 的铰，这种带铰的截面称为塑性铰。一个截面出现塑性铰，相当于结构丧失一个内部单向几何约束

塑性铰与普通铰的相同之处是铰两侧的截面可以产生有限的相对转角。塑性铰与普通铰有两个重要的区别：
①普通铰不能承受弯矩作用，而塑性铰两侧必有大小等于极限弯矩 $M_u$ 的弯矩作用。
②普通铰是双向铰，可以围绕着铰的两个方向自由产生相对转角，而塑性铰是单向铰，只能沿着弯矩增大的方向自由产生相对转角，若发生反向的转角，则塑性铰处将恢复刚性联结的特性，这一点是由理想弹塑性材料的特性所决定的

**1. 概述 & 纯弯曲梁的极限弯矩和塑性铰**

— 极限弯矩 — 当整个截面的应力都达到屈服极限时，截面所能承担的弯矩极限值称为极限弯矩。纯弯曲时截面的极限弯矩 $M_u$ 的计算公式为

$$M_u = W_s \sigma_s$$
$$W_s = S_1 + S_2$$

式中，$\sigma_s$ 为材料的屈服极限；$W_s$ 为塑性截面模量；$S_1$，$S_2$ 为等面积轴的上、下部分面积对该轴的面积矩

**2. 比例加载时判定极限荷载的一般定理**

— 比例加载 —— 所谓比例加载，是指所有荷载彼此都保持固定的比例，整个荷载可用一个荷载参数 $F_P$ 来表示，即所有荷载组成一个广义力，而且荷载参数 $F_P$ 只单调增加，不出现卸载现象

— 结构处于极限状态时必须满足的三个条件 —
①平衡条件：结构处于极限状态时，结构的整体或任一局部都能维持平衡。
②内力局限条件：在极限状态下，结构任一截面的内力都不超过其极限值。对于受弯杆件，任一截面弯矩的绝对值不超过其极限弯矩值，即有 $|M| \leqslant M_u$。
③单向机构条件：在极限状态下，结构已有足够数量的截面的内力达到极限值而使结构转化为机构，能够沿着荷载做正功的方向作单向运动

— 可破坏荷载与可接受荷载 —— 为了便于讨论，将满足单向机构条件和平衡条件的荷载（不一定满足内力局限条件）称为可破坏荷载，用 $F_P^+$ 表示；而将满足内力局限条件和平衡条件的荷载（不一定满足机构条件）称为可接受荷载，用 $F_P^-$ 表示。由于极限状态必须同时满足上述三个条件，故可知极限荷载应既是可破坏荷载又是可接受荷载

**2. 比例加载时判定极限荷载的一般定理**

比例加载时判定极限荷载的一般定理

基本定理：可破坏荷载 $F_P^+$ 恒不小于可接受荷载 $F_P^-$，即 $F_P^+ \geqslant F_P^-$。

由这一基本定理可以推得有关结构极限荷载的三个定理。
①极小定理（上限定理）。
可破坏荷载中的最小值即为极限荷载。或者说，可破坏荷载是极限荷载的上限值。
②极大定理（下限定理）。
可接受荷载中的最大值即为极限荷载。或者说，可接受荷载是极限荷载的下限值。
③唯一性定理（单值定理）。
极限荷载值是唯一确定的。若某一个荷载既是可破坏荷载，又是可接受荷载，则该荷载就是极限荷载。
这一定理表明，对于比例加载的给定结构，如果求得的荷载同时满足平衡条件、内力局限条件和单向机构条件，则它就是该结构的极限荷载

**3. 梁的极限荷载**

静力法

根据下限（极大）定理，假定结构的各种静力可能的分布并分别求出相应的可接受荷载，可接受荷载的最大值为极限荷载的下限。若在该荷载作用下能形成破坏机构，该荷载就是极限荷载。对于连续梁，只要其中某一跨破坏，结构即丧失承载能力。故在分析连续梁极限荷载时，可将各跨作为单跨超静定梁计算其破坏荷载，即分别求出每一个单跨破坏机构相应的破坏荷载，它们中的最小值就是极限荷载

机动法

根据上限（极小）定理，利用虚功原理求极限荷载的方法称为机动法。求解步骤：①确定可能形成塑性铰的部位（集中力作用点、杆件的结点、截面变化处）；②给出各种可能的破坏机构；③建立虚功方程，逐一计算相应的可破坏荷载，其中的最小值就是极限荷载

超静定结构极限荷载计算方面的基本概念

超静定梁的极限荷载只需根据最后的破坏机构应用平衡条件或虚功原理即可求得。据此，可概括出超静定结构极限荷载计算方面的基本概念如下：
①只需预先判定超静定结构的破坏机构，就可根据该破坏机构在极限状态的平衡条件确定极限荷载，而无须考虑超静定结构的弹塑性变形的发展过程、塑性铰形成的顺序和变形协调条件；
②温度变化、支座移动等非荷载因素对超静定结构的极限荷载没有影响，因为超静定结构的最后一个塑性铰形成之前，已经变为静定结构，所以温度变化、支座移动等因素对最后的内力状态没有影响

**4. 平面刚架的极限荷载**

刚架可能发生的破坏机构的形式相对较多而且比较复杂，有侧移机构、梁机构和组合机构

**5. 破坏机构总结**

当结构在荷载作用下形成足够数目的塑性铰时，结构（整体或局部）就变成了几何可变的体系，称这一可变体系为破坏机构。

①静定梁的破坏机构。静定梁没有多余约束，出现一个塑性铰就变成破坏机构而丧失承载能力。

②超静定梁和超静定刚架的破坏机构。在一般情况下，$n$ 次超静定结构出现 $n+1$ 个塑性铰后，形成破坏机构，但这个条件并不是必要的。

连续梁在各跨内分别为等截面梁，且梁上荷载指向相同时，只在各跨形成独立破坏机构；如果相邻两跨上作用的荷载指向相反，则可能形成两跨以上的整体破坏机构。

刚架的各种可能的破坏机构包括基本机构和组合机构。对于任意给定的刚架，基本机构数 $m$ 可按式

$$m = h - n$$

确定，式中，$h$ 为可能出现的塑性铰总数；$n$ 为超静定次数。

常见的基本机构有梁机构、侧移机构、结点机构、山墙机构，如图所示。

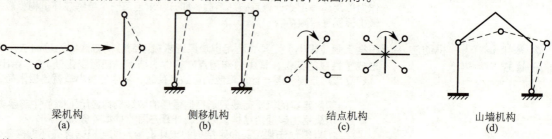

| 梁机构 | 侧移机构 | 结点机构 | 山墙机构 |
| (a) | (b) | (c) | (d) |

将两种或两种以上的基本机构组合，可以得到组合机构，也是可能的破坏机构

**6. 注意** ── 总结 ──

①塑性转角与相应的极限弯矩方向始终相反。

②用静力法或机动法求极限荷载时，应考查结构所有可能的破坏情况，通过比较各个可能的破坏荷载值来求出极限荷载。

③应用试算法计算时，应选择外力功较大、极限弯矩所做的内力功相对小些的破坏机构进行试算。对基本机构进行组合时，也应遵循这一原则，尽量使较多的塑性转角能互相抵消而闭合，使塑性铰处极限弯矩所做的功最小。由这样的组合机构所求得的可破坏荷载较小，因此有可能成为极限荷载。

④超静定结构的极限荷载不受温度变化、支座移动等因素的影响。这些因素只影响变形的发展过程，而不影响极限荷载的数值，这是因为超静定结构在变为机构之前先成为静定结构